高等职业教育课程改革示范教材

数学应用技术
学习指导与能力训练

主　编　徐辉军　房广梅
副主编　耿红梅　张惠芳
编　者　刘长太　朱荣华
　　　　徐　娟　徐　静

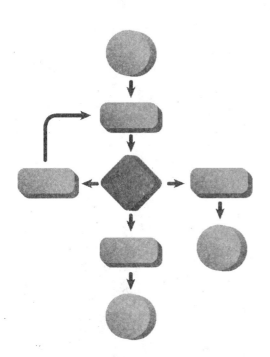

扫码加入学习圈
轻松解决重难点

南京大学出版社

图书在版编目(CIP)数据

数学应用技术学习指导与能力训练 / 徐辉军,房广梅
主编. — 南京 : 南京大学出版社,2018.8
ISBN 978-7-305-20504-0

Ⅰ.①数… Ⅱ.①徐… ②房… Ⅲ.①高等数学—
高等职业教育—教学参考资料 Ⅳ.①O13

中国版本图书馆 CIP 数据核字(2018)第 153248 号

出版发行　南京大学出版社
社　　址　南京市汉口路 22 号　　　　邮　编　210093
出 版 人　金鑫荣

书　　名　**数学应用技术学习指导与能力训练**
主　编　徐辉军　房广梅
责任编辑　吴　华　　　　　　　编辑热线　025-83596997

照　排　南京南琳图文制作有限公司
印　刷　南京大众新科技印刷有限公司
开　本　787×1092　1/16　印张 10.75　字数 262 千
版　次　2018 年 8 月第 1 版　2018 年 8 月第 1 次印刷
印　数　1～3800
ISBN 978-7-305-20504-0
定　价　26.80 元

网址:http://www.njupco.com
官方微博:http://weibo.com/njupco
微信服务号:njuyuexue
销售咨询热线:(025)83594756

扫一扫可免费
申请教学资源

前　言

高等数学是现代科学技术中应用最为广泛的一门学科,作为普通高等职业院校广泛开设的一门公共基础课,它对后续课程的学习,乃至对学生素质的训练与培养起着举足轻重的作用。

本书的编者长年从事高等职业院校的高等数学教学工作,并多次参加该课程的教学改革。可以肯定的是无论高等数学的教学模式如何改变,从概念到方法上的学习指导和恰当的习题配置是学好这一门课不可缺少的部分。基于这一目的,我们编写了这本学习指导书,以弥补课堂教学的不足,同时也是为了培养学生自学能力、科学思维能力及独立分析和解决问题的能力。

本书主要阐述高等数学中的基本概念与理论和常见题型与解法,并配置了适当的习题。本书能帮助学生更好地理解和掌握高等数学的基本概念和基本理论,掌握解题方法,提高解题能力,从而提高分析问题和解决问题的能力,结合题型训练,在解决实际问题中加深对基本概念、基本方法的理解和掌握,帮助学生克服学习高等数学的过程中遇到的困难,活跃思路,开拓视野,提升能力,学以致用,提高学习数学的兴趣,增强学习数学的信心,激发学习数学的意志。

全书由徐辉军任第一主编并负责统稿,房广梅任第二主编并负责校对。耿红梅、张惠芳任副主编。第一、二、十二章由徐辉军编写,第三、十一章由房广梅编写,第五、六章由耿红梅编写,第九章由张惠芳编写,第八章由刘长太编写,第四章由朱荣华编写,第七章由徐娟编写,第十章由徐静编写。

本书可与南京大学出版社出版的《数学应用技术》配套使用,由于其编写的独立性,本书也可作为普通高等职业院校及专科层次成人教育、自学考试等的参考书。

本书由扬州工业职业技术学院邓光教授担任主审,对本书的框架结构、内容进行了认真审定并提出了指导意见,在此表示感谢!本书的责任编辑吴华女士对本书提出了许多宝贵意见,付出了辛勤劳动,也一并表示感谢!由于编者的水平有限,难免有缺点和错误,敬请读者给予批评和指正。

编　者
2018 年 6 月

目 录

第一章　预备知识

一、知识点梳理

1. 常量与变量

常量:在自然现象或技术过程中不起变化或保持一定的数值的量.

变量:在某个过程中变化着的或可以取不同数值的量.

2. 变量的增量

设变量 x 从它的初值 x_1 变到终值 x_2,终值与初值的差 x_2-x_1 就叫作变量 x 的**增量**,记作 Δx,即

$$\Delta x = x_2 - x_1.$$

> ⧖ **注意**:增量 Δx 可以是正的,可以是负的,也可以是零.记号 Δx 并不表示某个量 Δ 与变量 x 的乘积,而是一个整体不可分割的记号.

3. 函数

设 x 和 y 是两个变量,D 是实数集的某个子集,若对于 x 在 D 中的每个取值,变量 y 按照一定的法则或对应关系总有一个确定的值与之对应,则称变量 y 是变量 x 的**函数**,记作 $y=f(x)$. x 叫作**自变量**,数集 D 叫作函数的**定义域**,当 x 取遍 D 中的一切实数值时,与它对应的函数值的集合 M 叫作函数的**值域**.

> ⧖ **注意**:定义域和对应关系是构成函数的两个要素.

4. 反函数

设有函数 $y=f(x)$,其定义域为 D,值域为 M.若对于 M 中的每一个 y 值($y\in M$),都可以从 $y=f(x)$ 确定唯一的 x 值($x\in D$),则根据函数的定义,x 也可以称为是 y 的函数,叫作函数 $y=f(x)$ 的**反函数**,记作 $x=f^{-1}(y)$,它的定义域为 M,值域为 D.

习惯上,函数的自变量都用 x 表示,所以反函数也可表示为 $y=f^{-1}(x)$.

5. 函数图像

函数	图像	函数式变化	图像变化	图像变化特点
$y=x^2$		$y=x^2+1$		将函数 $y=x^2$ 的图像沿 y 轴方向整体向上平移 1 个单位
		$y=x^2-1$	略	略
		$y=(x+1)^2$		将函数 $y=x^2$ 的图像沿 x 轴方向整体向左平移 1 个单位
		$y=(x-1)^2$	略	略
		$y=2x^2$		将函数 $y=x^2$ 的图像每个横坐标所对应的纵坐标扩大为原来的 2 倍
		$y=\dfrac{1}{2}x^2$	略	略

6. 函数奇偶性质

若函数 $f(x)$ 的定义域关于原点对称,且对任意 x,都有 $f(-x)=-f(x)$,则称 $f(x)$ 为**奇函数**.

若函数 $f(x)$ 的定义域关于原点对称,且对任意 x,都有 $f(-x)=f(x)$,则称 $f(x)$ 为**偶函数**.

若函数 $f(x)$ 既非奇函数,也非偶函数,则称 $f(x)$ 为**非奇非偶函数**.

例如,$f(x)=\sin x$ 是奇函数,$f(x)=\cos x$ 是偶函数,而 $f(x)=\sin x+\cos x$ 则是非奇非偶函数.

7. 函数单调性质

若函数 $f(x)$ 在区间 (a,b) 内随着 x 的增大而增大,即对于 (a,b) 任意两点 x_1 和 x_2,有当 $x_1<x_2$ 时,$f(x_1)<f(x_2)$,则称函数 $f(x)$ 在区间 (a,b) 内是**单调增加**的,函数 $f(x)$ 叫作**单调增函数**,区间 (a,b) 叫作函数 $f(x)$ 的单调增加区间.

若函数 $f(x)$ 在区间 (a,b) 内随着 x 的增大而减小,即对于 (a,b) 任意两点 x_1 和 x_2,有当 $x_1<x_2$ 时,$f(x_1)>f(x_2)$,则称函数 $f(x)$ 在区间 (a,b) 内是**单调减小**的,函数 $f(x)$ 叫作**单调减函数**,区间 (a,b) 叫作函数 $f(x)$ 的单调减小区间.

8. 函数有界性

设函数 $f(x)$ 在区间 (a,b) 内有定义,若存在一个正数 M,使得对于区间 (a,b) 内的一切 x 值,对应的函数值 $f(x)$ 都有 $|f(x)| \leqslant M$ 成立,则称 $f(x)$ 在区间 (a,b) 内**有界**;若这样的数 M 不存在,则称 $f(x)$ 在区间 (a,b) 内**无界**.

9. 函数的周期

对于函数 $f(x)$,若存在一个正数 T,使得对于定义域内的一切 x,等式 $f(x+T) = f(x)$ 都成立,则称函数 $f(x)$ 是周期函数,正数 T 叫作这个函数的**周期**. 显然,$2T,3T,\cdots,nT$ $(n \in \mathbf{N})$ 都是周期,周期的最小正数叫作周期函数的**最小正周期**(我们所说的周期通常是指函数的最小正周期).

10. 基本初等函数

我们把幂函数 $y = x^\alpha$(α 为实数)、指数函数 $y = a^x$($a > 0$ 且 $a \neq 1$)、对数函数 $y = \log_a x$($a > 0$ 且 $a \neq 1$)、三角函数和反三角函数统称为**基本初等函数**.

表1 常用的基本初等函数的定义域、值域、图像和特性

	函数	定义域与值域	图像	特性
幂函数	$y = x$	$x \in (-\infty, +\infty)$ $y \in (-\infty, +\infty)$		奇函数 在 $(-\infty, +\infty)$ 单调增加
	$y = x^2$	$x \in (-\infty, +\infty)$ $y \in [0, +\infty)$		偶函数 在 $(-\infty, 0)$ 单调减少 在 $(0, +\infty)$ 单调增加
	$y = x^3$	$x \in (-\infty, +\infty)$ $y \in (-\infty, +\infty)$		奇函数 在 $(-\infty, +\infty)$ 单调增加
	$y = x^{-1}$	$x \in (-\infty, 0) \bigcup (0, +\infty)$ $y \in (-\infty, 0) \bigcup (0, +\infty)$		奇函数 在 $(-\infty, 0)$ 单调减少 在 $(0, +\infty)$ 单调减少
	$y = \sqrt{x}$	$x \in [0, +\infty)$ $y \in [0, +\infty)$		非奇非偶函数 在 $[0, +\infty)$ 单调增加

（续表）

	函数	定义域与值域	图像	特性
指数函数	$y=a^x$ $(0<a<1)$	$x\in(-\infty,+\infty)$ $y\in(0,+\infty)$		非奇非偶函数 在$(-\infty,+\infty)$单调减少
	$y=a^x(a>1)$	$x\in(-\infty,+\infty)$ $y\in(0,+\infty)$		非奇非偶函数 在$(-\infty,+\infty)$单调增加
对数函数	$y=\log_a x$ $(0<a<1)$	$x\in(0,+\infty)$ $y\in(-\infty,+\infty)$		非奇非偶函数 在$(0,+\infty)$单调减少
	$y=\log_a x(a>1)$	$x\in(0,+\infty)$ $y\in(-\infty,+\infty)$		非奇非偶函数 在$(0,+\infty)$单调增加
三角函数	$y=\sin x$	$x\in(-\infty,+\infty)$ $y\in[-1,+1]$		奇函数　周期为2π 在$\left(2k\pi-\dfrac{\pi}{2},2k\pi+\dfrac{\pi}{2}\right)$ 单调增加 在$\left(2k\pi+\dfrac{\pi}{2},2k\pi+\dfrac{3\pi}{2}\right)$ 单调减少
	$y=\cos x$	$x\in(-\infty,+\infty)$ $y\in[-1,+1]$		偶函数　周期为2π 在$(2k\pi,2k\pi+\pi)$ 单调减少 在$(2k\pi+\pi,2k\pi+2\pi)$ 单调增加
	$y=\tan x$	$x\neq k\pi+\dfrac{\pi}{2}(k\in\mathbf{Z})$ $y\in(-\infty,+\infty)$		奇函数　周期为π 在$\left(k\pi-\dfrac{\pi}{2},k\pi+\dfrac{\pi}{2}\right)$ 单调增加

（续表）

	函数	定义域与值域	图像	特性
	$y=\cot x$	$x\neq k\pi$ $(k\in\mathbf{Z})$ $y\in(-\infty,+\infty)$	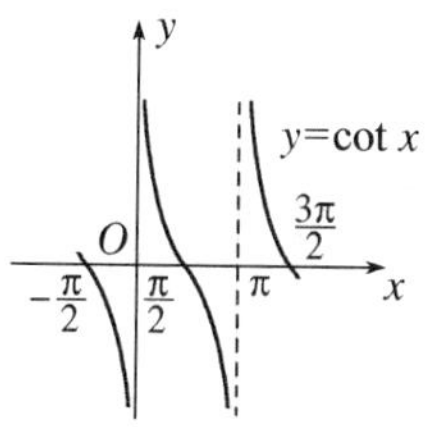	奇函数 周期为 π 在 $(k\pi,k\pi+\pi)$ 单调减少
反三角函数	$y=\arcsin x$	$x\in[-1,1]$ $y\in\left[-\frac{\pi}{2},\frac{\pi}{2}\right]$	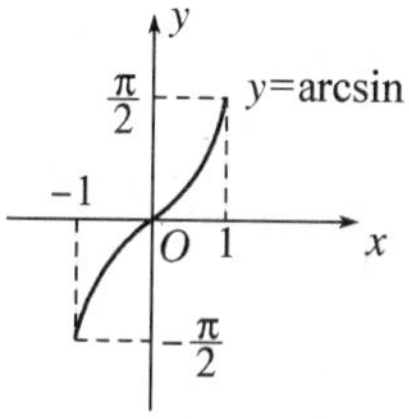	奇函数 在 $\left[-\frac{\pi}{2},\frac{\pi}{2}\right]$ 单调增加 有界
	$y=\arccos x$	$x\in[-1,1]$ $y\in[0,\pi]$	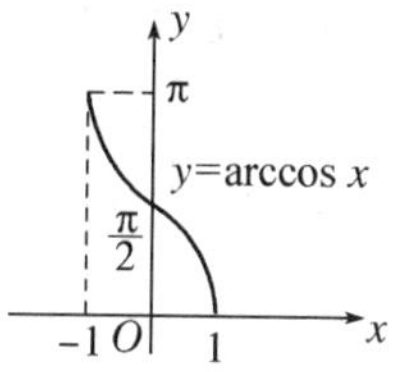	非奇非偶函数 在 $[-1,1]$ 单调减少 有界
	$y=\arctan x$	$x\in(-\infty,+\infty)$ $y\in\left(-\frac{\pi}{2},\frac{\pi}{2}\right)$	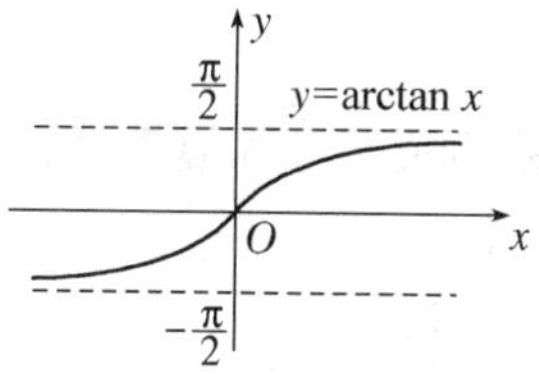	奇函数 在 $(-\infty,+\infty)$ 单调增加 有界
	$y=\operatorname{arccot} x$	$x\in(-\infty,+\infty)$ $y\in(0,\pi)$	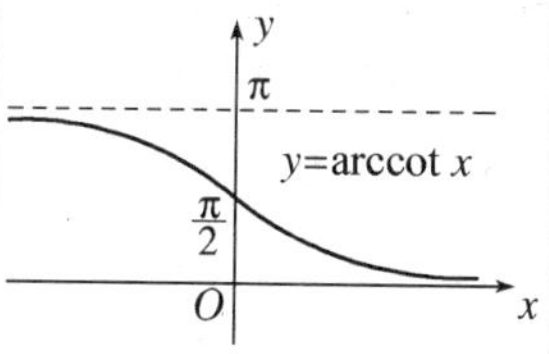	非奇非偶函数 在 $(-\infty,+\infty)$ 单调减少 有界

11. 复合函数

设 y 是 u 的函数 $y=f(u)$，而 u 又是 x 的函数 $u=\varphi(x)$，$u=\varphi(x)$ 的定义域为数集 A. 若在数集 A 或 A 的子集上，对于 x 的每一个值所对应的 u 值，都能使函数 $y=f(u)$ 有定义，则 y 就是 x 的函数. 这个函数叫作函数 $y=f(u)$ 与 $u=\varphi(x)$ 复合而成的函数，简称为 x 的**复合函数**，记作 $y=f[\varphi(x)]$.

12. 初等函数

由基本初等函数经过有限次的四则运算和有限次的函数复合步骤所构成并可用一个式

子表示的函数叫作**初等函数**. 例如, $y=\sin^2 x$, $y=\sqrt{1-x^2}$, $y=x\ln x$ 等都是初等函数.

二、题型与解法

(一) 函数值

【**解题方法**】 函数值的计算就是充分利用代入法的代数思想.

例 1-1 设 $f(x)=\arcsin 2x$, 求 $f(0)$, $f\left(-\dfrac{1}{2}\right)$, $f\left(\dfrac{\sqrt{3}}{4}\right)$, $f\left(-\dfrac{\sqrt{2}}{4}\right)$, $f(a)$.

解: $f(0)=\arcsin 0=0$, $f\left(-\dfrac{1}{2}\right)=\arcsin(-1)=-\dfrac{\pi}{2}$, $f\left(\dfrac{\sqrt{3}}{4}\right)=\arcsin\dfrac{\sqrt{3}}{2}=\dfrac{\pi}{3}$,

$f\left(-\dfrac{\sqrt{2}}{4}\right)=\arcsin\left(-\dfrac{\sqrt{2}}{2}\right)=-\dfrac{\pi}{4}$, $f(a)=\arcsin 2a$, $a\in\left[-\dfrac{1}{2},\dfrac{1}{2}\right]$.

例 1-2 若 $f(x+10)=x^2+x$, 求 $f(x)$.

解: 令 $x+10=u$, 则 $x=u-10$,

$$f(x+10)=f(u)=(u-10)^2+(u-10)=u^2-19u+90,$$

故 $f(x)=x^2-19x+90$.

(二) 求函数定义域

【**解题方法**】 函数的定义域计算就是充分利用初等函数对自变量的要求.

一般可从以下几个方面考虑:

① 在分式中, 分母不能为零;

② 在根式中, 负数不能开偶次方根;

③ 在对数式、三角函数、反三角函数中, 要符合相关函数的定义域;

④ 函数表达式中有分式、根式、对数式、三角函数式和反三角函数时, 我们要取其交集.

例 1-3 求下列函数的定义域:

(1) $f(x)=\dfrac{1}{x^2-2x}+\sqrt{13-x}$;   (2) $y=\arcsin\dfrac{x+1}{5}$.

解: (1) 由 $\begin{cases} x^2-2x\neq 0 \\ 13-x\geqslant 0 \end{cases}$ 得 $\begin{cases} x\neq 0 \\ x\neq 2 \\ x\leqslant 13 \end{cases}$, 故该函数的定义域为 $(-\infty,0)\bigcup(0,2)\bigcup(2,13]$.

(2) 由 $-1\leqslant\dfrac{x+1}{5}\leqslant 1$ 得 $-6\leqslant x\leqslant 4$, 故该函数的定义域为 $[-6,4]$.

(三) 函数

【**解题方法**】 函数的本质是对应关系, 所以考虑函数是否是一样的, 要从函数的三个要素上加以分析.

例 1-4 下列函数是否相同：

(1) $y=2x$ 和 $y=2(\sqrt{x})^2$；　　　　　　(2) $y=\arccos 3x$ 和 $y=\dfrac{\pi}{2}-\arcsin 3x$；

(3) $y=\ln\sqrt{x+1}$ 和 $y=\dfrac{1}{2}\ln(x+1)$；　　(4) $y=|x-3|$ 和 $y=\begin{cases}3-x & x<3 \\ 0 & x=3. \\ x-3 & x>3\end{cases}$

解：(1) $y=2x$ 的定义域是 $(-\infty,+\infty)$，而 $y=2(\sqrt{x})^2$ 的定义域是 $[0,+\infty)$，两个函数的定义域是不一样的，不是相同的两个函数；

(2) 两个函数的定义域都是 $\left[-\dfrac{1}{3},\dfrac{1}{3}\right]$，是一样的，值域也是一样的，对应关系是一样的，所以是相同的两个函数；

(3) 两个函数的定义域都是 $(-1,+\infty)$，是一样的，值域也是一样的，对应关系是一样的，所以是相同的两个函数；

(4) 两个函数的定义域都是 $(-\infty,+\infty)$，是一样的，值域也是一样的，对应关系是一样的，所以是相同的两个函数.

(四) 函数单调性

【解题方法】　函数的单调性的讨论要从函数单调性的定义上加以分析.

例 1-5　证明 $y=\dfrac{2x}{x+1}$ 在 $(-1,+\infty)$ 为增函数.

证明：令 $x_1\in(-1,+\infty)$，$x_2\in(-1,+\infty)$ 且 $x_1<x_2$.

由于 $y_1-y_2=\dfrac{2x_1}{x_1+1}-\dfrac{2x_2}{x_2+1}=\dfrac{2x_1(x_2+1)}{(x_1+1)(x_2+1)}-\dfrac{2x_2(x_1+1)}{(x_1+1)(x_2+1)}=\dfrac{2(x_1-x_2)}{(x_1+1)(x_2+1)}<0$，

所以，$y=\dfrac{2x}{x+1}$ 在 $(-1,+\infty)$ 为增函数.

例 1-6　证明 $y=-\sqrt{x}$ 在 $[0,+\infty)$ 为减函数.

证明：令 $x_1\in[0,+\infty)$，$x_2\in[0,+\infty)$ 且 $x_1<x_2$.

由于 $y_1-y_2=\sqrt{x_2}-\sqrt{x_1}=(\sqrt{x_2}-\sqrt{x_1})\dfrac{\sqrt{x_2}+\sqrt{x_1}}{\sqrt{x_2}+\sqrt{x_1}}=\dfrac{x_2-x_1}{\sqrt{x_2}+\sqrt{x_1}}>0$，

所以，$y=-\sqrt{x}$ 在 $[0,+\infty)$ 为减函数.

(五) 函数奇偶性

【解题方法】　函数的奇偶性的讨论要从函数奇偶性的定义上加以分析.

例 1-7　判断下列函数的奇偶性：

(1) $f(x)=x\sin 3x$；　　　　　　(2) $y=\dfrac{e^{2x}+e^{-2x}}{2}$；

(3) $f(x)=\ln(\sqrt{1+4x^2}-2x)$;

(4) $f(x)=\begin{cases}10+x & x>0 \\ 0 & x=0. \\ 10-x & x<0\end{cases}$

解:(1) $f(x)=x\sin 3x=f(-x)$,所以函数是偶函数;

(2) $f(x)=\dfrac{e^{2x}+e^{-2x}}{2}=f(-x)$,所以函数是偶函数;

(3) $f(x)=\ln(\sqrt{1+4x^2}-2x)=-f(-x)$,所以函数是奇函数;

(4) $f(x)=f(-x)=\begin{cases}10+x & x>0 \\ 0 & x=0 \\ 10-x & x<0\end{cases}$,所以函数是偶函数.

(六) 函数的复合

【解题方法】 函数的复合就是将基本初等函数复合成初等函数,其逆过程就是将复合函数分解为基本初等函数.

例 1-8 指出下列各复合函数的复合过程:

(1) $y=e^{x^2}$;

(2) $y=\cos^3(1-2x)$;

(3) $y=\sin(2\ln 3x)$;

(4) $y=\arcsin[\lg(2x-1)]$;

(5) $y=e^{\cos x^3}$;

(6) $y=\sin(\ln x)^3$;

(7) $y=\ln^4(\sin 2x)$;

(8) $y=\arctan[\ln(5x+1)]$.

解:(1) $f(x)=e^u,u=x^2$;

(2) $f(x)=u^3,u=\cos v,v=1-2x$;

(3) $f(x)=\sin u,u=2v,v=\ln t,t=3x$;

(4) $f(x)=\arcsin u,u=\lg v,v=2x-1$;

(5) $f(x)=e^u,u=\cos v,v=x^3$;

(6) $f(x)=\sin u,u=v^3,v=\ln t$;

(7) $f(x)=u^4,u=\ln v,v=\sin t,t=2x$;

(8) $f(x)=\arctan u,u=\ln v,v=5x+1$.

(七) 函数的周期性

【解题方法】 周期函数的最小正周期的讨论,主要应用下列结论:$y=A\sin(\omega x+\varphi)$的最小正周期 $T=\left|\dfrac{\pi}{\omega}\right|$.

例 1-9 指出下列各周期函数的最小正周期:

(1) $y=\sin 2x+\cos 2x$;

(2) $y=2-\sin^2 x$.

解:(1) $y=\sin 2x+\cos 2x=\sqrt{2}\left(\dfrac{1}{\sqrt{2}}\sin 2x+\dfrac{1}{\sqrt{2}}\cos 2x\right)=\sqrt{2}\sin\left(2x+\dfrac{\pi}{4}\right),T=\pi$;

(2) $y=2-\sin^2 x=2-\dfrac{1-\cos 2x}{2}=\dfrac{3+\cos 2x}{2}=\dfrac{3+\sin\left(2x+\dfrac{\pi}{2}\right)}{2}$, $T=\pi$.

例 1-10　函数 $f(x)$ 是 **R** 上的奇函数,而且是周期函数,最小正周期 $T=5$,$f(2)=6$,求 $f(2018)$,$f(-2018)$.

解:$f(2018)=f(3)=-f(-3)=-f(2)=-6$,$f(-2018)=-f(-2018)=6$.

三、能力训练

(一) 函数

1. 求下列函数的定义域:

(1) $y=\sqrt{3x-4}$;

(2) $y=\dfrac{3x}{x^2-3x+2}$;

(3) $y=\dfrac{6}{\sqrt{49-x^2}}$;

(4) $y=\dfrac{1}{x+1}-\sqrt{4-x^2}$.

2. 判断下列每组中所给的两个函数是否相同:

(1) $y=12x$ 和 $y=12(\sqrt{x})^2$;

(2) $y=\arccos\dfrac{3}{4}x$ 和 $y=\dfrac{\pi}{2}-\arcsin\dfrac{3}{4}x$.

3. 设 $f\left(x+\dfrac{3}{x}\right) = x^2 + \dfrac{9}{x^2}$，求 $f(x)$.

4. **判断下列函数的奇偶性：**

(1) $f(x) = x^3 \sin 3x$；

(2) $y = \dfrac{e^{12x} + e^{-12x}}{2}$；

(3) $f(x) = \ln(\sqrt{1 + 9x^2} - 3x)$；

(4) $f(x) = \begin{cases} x+10 & x>0 \\ 0 & x=0. \\ x-10 & x<0 \end{cases}$

5. **说明下列函数在指定区间上的单调性：**

(1) $y = 1 - x^3,\ x \in (-1, 0)$；

(2) $y = 4\ln x,\ x \in (0, +\infty)$.

6. 指出下列各周期函数的最小正周期：

(1) $y = \sin 2x + \cos 2x$；　　　　　(2) $y = 2 - \sin^2 x$.

7. 下列函数中哪些函数在 $(-\infty, +\infty)$ 内是有界的？

(1) $y = 1 - \cos^2 x$；　　　　　(2) $y = \dfrac{10}{1 + \tan x}$.

8. 指出下列各复合函数的复合过程：

(1) $y = e^{x^6}$；　　　　　(2) $y = \cos^3(1 - 6x)$；

(3) $y = \sin(2\ln 7x)$；　　　　　(4) $y = \arcsin[\lg(4x - 1)]$；

(5) $y = e^{\cos x^5}$；　　　　　(6) $y = \sin(\ln x)^6$；

(7) $y=\ln^4(\sin 6x)$；

(8) $y=\arctan[\ln(5x+4)]$.

(二) 函数应用

9. 一个快餐联营公司在某地区开设了 160 个营业点，每个营业点每天的平均营业额达 30000 元. 对在该地区是否开设新营业点的研究表明，每开设一个新营业点，会使每个营业点的每天平均营业额减少 200 元. 求该公司所有营业点的每天总收入和新开设营业点数目之间的函数关系.

10. 火车站收取行李费的规定如下：当行李不超过 60 公斤时，按基本运费计算，每公斤收费 0.15 元；当超过 60 公斤时，超重部分按每公斤 0.25 元收费. 试求运费 y（元）与重量 x（公斤）之间的函数关系式，并作出这个函数的图像.

11. 随着互联网金融的发展，很多人都喜欢把现金存入支付宝或者理财通等进行理财，这些金融产品每天分配收益，实际上相当于每日复利计算收益（不足 0.01 元收益不计算）. 现假设某同学一次性存入 10 000 元，根据下列不同的产品进行计算：

(1) 余额宝（活期）年化收益率为 2.50％，则每日万份收益为_____元.

(2) 全额宝（活期）年化收益率为 3.10％，则每日万份收益为_____元.

(3) 财富宝（活期）年化收益率为 3.65％，则每日万份收益为_____元.

(4) 壹钱包（活期）年化收益率为 2.60％，则每日万份收益为_____元.

(5) 招财宝（定期）年化收益率为 5.80％，则一年后收益约为_____元.

12. (1) 设手表的价格为 70 元，销售量为 10 000 只，若手表每只提高 3 元，需求量就减少 3 000 只，求线性需求函数 Q.

(2) 设手表价格为 70 元，手表厂可提供 10 000 只手表，当价格每只增加 3 元时，手表厂可多提供 300 只,求线性供应函数 S.

（3）求市场均衡价格和市场均衡数量.

13. 某厂生产一种元器件,设计能力为每天最多生产 100 件,每天的固定成本为 150 元,每件产品的平均可变成本为 10 元. 求:（1）该厂每天生产此元器件的总成本函数及平均成本函数;（2）若每件售价为 14 元,总收入函数及总利润函数.

14. 已知某厂每天生产某产品的变动成本为 15 元,每天的固定成本为 2 000 元,如这种产品出厂价为 20 元,求:（1）利润函数;（2）若不亏本,该厂每天至少生产多少单位这种产品?

15. 设某商品的成本函数和收入函数分别为 $C(q)=7+2q+q^2$, $R(q)=10q$, 求:

（1）该商品的利润函数;

（2）求当销量为 4 时的总利润和平均利润;

（3）当销量为 10 时是盈利还是亏损?

第二章　极限与连续

一、知识点梳理

1. 函数极限

$\lim\limits_{x \to \infty} f(x) = A \Leftrightarrow$ 当 $|x|$ 无限增大时，函数 $f(x)$ 无限接近于常数 A.

$\lim\limits_{x \to +\infty} f(x) = A \Leftrightarrow$ 当 x 沿着 x 轴正方向无限增大时，函数 $f(x)$ 无限接近于常数 A.

$\lim\limits_{x \to -\infty} f(x) = A \Leftrightarrow$ 当 x 沿着 x 轴负方向无限增大时，函数 $f(x)$ 无限接近于常数 A.

定理 1　$\lim\limits_{x \to \infty} f(x) = A \Leftrightarrow \lim\limits_{x \to +\infty} f(x) = \lim\limits_{x \to -\infty} f(x) = A$.

$\lim\limits_{x \to x_0} f(x) = A \Leftrightarrow$ 当 x 从 x_0 两侧无限接近 x_0 时，函数 $f(x)$ 无限接近于常数 A.

$\lim\limits_{x \to x_0^-} f(x) = A$ 或 $\lim\limits_{x \to x_0 - 0} f(x) = A \Leftrightarrow$ 当 x 从 x_0 左侧无限接近 x_0 时，函数 $f(x)$ 无限接近于常数 A.

$\lim\limits_{x \to x_0^+} f(x) = A$ 或 $\lim\limits_{x \to x_0 + 0} f(x) = A \Leftrightarrow$ 当 x 从 x_0 右侧无限接近 x_0 时，函数 $f(x)$ 无限接近于常数 A.

定理 2　$\lim\limits_{x \to x_0} f(x) = A \Leftrightarrow \lim\limits_{x \to x_0^+} f(x) = \lim\limits_{x \to x_0^-} f(x) = A$.

2. 数列极限

$\lim\limits_{n \to \infty} x_n = A \Leftrightarrow$ 当 $n \to \infty$ 时，无穷数列 $\{x_n\}$ 无限接近于常数 A.

> ⏳ **注意**：$\lim\limits_{n \to \infty} x_n = A$ 也称无穷数列 $\{x_n\}$ 收敛于 A，若 $\lim\limits_{n \to \infty} x_n$ 不存在，则称无穷数列 $\{x_n\}$ 发散.

3. 几个简单极限

(1) $\lim\limits_{\substack{x \to x_0 \\ (x \to \infty)}} C = C$;

(2) $\lim\limits_{x \to x_0} x = x_0$;

(3) $\lim\limits_{x \to \infty} \dfrac{1}{x^\alpha} = 0 \, (\alpha > 0)$;

(4) $\lim\limits_{x \to +\infty} \arctan x = \dfrac{\pi}{2}$, $\lim\limits_{x \to -\infty} \arctan x = -\dfrac{\pi}{2}$;

(5) $\lim\limits_{x \to +\infty} e^x = +\infty$, $\lim\limits_{x \to -\infty} e^x = 0$;

(6) $\lim\limits_{x \to +\infty} \ln x = +\infty$, $\lim\limits_{x \to 1} \ln x = 0$, $\lim\limits_{x \to 0^+} \ln x = -\infty$;

(7) $\lim\limits_{n \to \infty} C = C$;

(8) $\lim\limits_{n \to \infty} \dfrac{1}{n^\alpha} = 0 \, (\alpha > 0)$;

(9) $\lim\limits_{n \to \infty} q^n = 0 \, (|q| < 1)$.

4. 渐近线

水平渐近线:若 $\lim\limits_{x\to\infty}f(x)=A$(或 $\lim\limits_{x\to+\infty}f(x)=A$ 或 $\lim\limits_{x\to-\infty}f(x)=A$),则称直线 $y=A$ 为函数 $f(x)$ 的水平渐近线.

垂直渐近线:若 $\lim\limits_{x\to x_0}f(x)=\infty$(或 $\lim\limits_{x\to x_0^-}f(x)=\infty$,$\lim\limits_{x\to x_0^+}f(x)=\infty$),则称直线 $x=x_0$ 为函数 $f(x)$ 的垂直渐近线.

5. 无穷小

(1) 无穷小:若 $x\to x_0$(或 $x\to\infty$)时,$f(x)\to 0$,则称函数 $f(x)$ 为 $x\to x_0$(或 $x\to\infty$)时的无穷小量,简称无穷小.

(2) 性质

① 有限个无穷小的代数和是无穷小.

② 有限个无穷小的乘积是无穷小.

③ 有界函数与无穷小的乘积是无穷小.

(3) 无穷小的比较

设 α 和 β 是在同一个自变量变化过程中的无穷小,则

① 若 $\lim\dfrac{\beta}{\alpha}=0$,则称 β 是比 α 较高阶的无穷小.

② 若 $\lim\dfrac{\beta}{\alpha}=\infty$,则称 β 是比 α 较低阶的无穷小.

③ 若 $\lim\dfrac{\beta}{\alpha}=C$($C$ 为不等于零的常数),则称 β 与 α 是同阶无穷小;

特别地,若 $\lim\dfrac{\beta}{\alpha}=1$,则称 β 与 α 是等价无穷小,记作 $\alpha\sim\beta$.

6. 无穷大

(1) 无穷大:若 $x\to x_0$(或 $x\to\infty$)时,函数 $f(x)$ 的绝对值无限增大,则称 $f(x)$ 为 $x\to x_0$(或 $x\to\infty$)时的无穷大量,简称无穷大.

(2) 无穷小与无穷大的关系:在同一个自变量变化过程中,若 $f(x)$ 为无穷大,则 $\dfrac{1}{|f(x)|}$ 为无穷小;若 $f(x)$ 为无穷小,则 $\dfrac{1}{|f(x)|}$ 为无穷大.

7. 极限的四则运算

定理 3 设在 x 的某一变化过程中 $\lim f(x)=A$,$\lim g(x)=B$,则

(1) $\lim[f(x)\pm g(x)]=\lim f(x)\pm\lim g(x)=A\pm B$.

(2) $\lim f(x)g(x)=\lim f(x)\cdot\lim g(x)=AB$.

(3) $\lim\dfrac{f(x)}{g(x)}=\dfrac{\lim f(x)}{\lim g(x)}=\dfrac{A}{B}(B\neq 0)$.

推论 (1) $\lim kf(x)=k\lim f(x)=kA$,其中 k 为常数.

(2) $\lim[f(x)]^m=[\lim f(x)]^m=A^m$,其中 m 为正整数.

8. 两个重要极限

定理 4(三明治定理、夹逼准则) 在 $x=x_0$ 的附近,函数 $f(x)$,$g(x)$ 和 $h(x)$ 满足

$h(x) \leqslant f(x) \leqslant g(x)$，而且 $\lim\limits_{x \to x_0} h(x) = \lim\limits_{x \to x_0} g(x) = A$，则 $\lim\limits_{x \to x_0} f(x) = A$.

第一个重要极限：$\lim\limits_{x \to 0} \dfrac{\sin x}{x} = 1 \xrightarrow{\text{一般形式}} \lim\limits_{\square \to 0} \dfrac{\sin \square}{\square} = 1$，其中 $\square$ 表示 x 的同一表达式.

第二个重要极限：$\lim\limits_{x \to 0}(1+x)^{\frac{1}{x}} = e$ 或 $\lim\limits_{x \to \infty}\left(1 + \dfrac{1}{x}\right)^x = e \xrightarrow{\text{一般形式}} \lim\limits_{\square \to 0}(1+\square)^{\frac{1}{\square}} = e$，其中 $\square$ 表示 x 的同一表达式.

9. 连续

$f(x)$ 在 x_0 处连续 $\Leftrightarrow f(x)$ 在 $x = x_0$ 处满足 $\lim\limits_{x \to x_0} f(x) = f(x_0)$.

$f(x)$ 在 x_0 处左（右）连续 $\Leftrightarrow f(x)$ 在 $x = x_0$ 处满足 $\lim\limits_{x \to x_0^-} f(x) = f(x_0)\,(\lim\limits_{x \to x_0^+} f(x) = f(x_0))$.

$f(x)$ 在开区间 (a,b) 内连续 $\Leftrightarrow f(x)$ 在 (a,b) 内每一点都连续.

$f(x)$ 在闭区间 $[a,b]$ 上连续 $\Leftrightarrow f(x)$ 在 (a,b) 内连续，且在左端点 a 处右连续，右端点 b 处左连续.

$f(x)$ 是连续函数 $\Leftrightarrow f(x)$ 在定义域内的每一点都连续.

> **注意**：一切初等函数都是连续函数.

10. 间断点及分类

若 $f(x)$ 在 $x = x_0$ 处不连续，则称 $f(x)$ 在 $x = x_0$ 处间断，同时称 $x = x_0$ 为 $f(x)$ 的间断点.

间断点 $\begin{cases} \text{第一类间断点}：f(x_0 - 0),\ f(x_0 + 0) \text{都存在，} \\ \text{第二类间断点}：f(x_0 - 0),\ f(x_0 + 0) \text{至少有一个不存在.} \end{cases}$

11. 闭区间上连续函数性质

定理 5(最值定理)　如果函数 $f(x)$ 在闭区间 $[a,b]$ 上连续，则函数 $f(x)$ 在闭区间 $[a,b]$ 上必定有最大值和最小值.

定理 6(介值定理)　如果函数 $f(x)$ 在闭区间 $[a,b]$ 上连续，且 $f(a) = A \neq f(b) = B$，则对于 A 与 B 之间的任意一个数 C，在开区间 (a,b) 内至少存在一点 ξ，使得 $f(\xi) = C\,(a < \xi < b)$.

二、题型与解法

(一) 极限的判定

【解题方法】　利用单侧极限与极限的关系，即定理 1 和定理 2.

例 2-1　判断极限 $\lim\limits_{x \to \infty} \arctan x$ 是否存在.

解：由于 $\lim\limits_{x \to +\infty} \arctan x = \dfrac{\pi}{2}$，$\lim\limits_{x \to -\infty} \arctan x = -\dfrac{\pi}{2}$，即 $\lim\limits_{x \to +\infty} \arctan x \neq \lim\limits_{x \to -\infty} \arctan x$，故 $\lim\limits_{x \to \infty} \arctan x$ 不存在.

例 2 - 2　若 $f(x)=\begin{cases} x^2-1 & x<-1 \\ x & -1\leqslant x\leqslant 1,判断 \lim\limits_{x\to 1}f(x) 及 \lim\limits_{x\to -1}f(x) 是否存在. \\ 1 & x>1 \end{cases}$

解：$\lim\limits_{x\to -1^-}f(x)=\lim\limits_{x\to -1^-}x^2-1=0$，$\lim\limits_{x\to -1^+}f(x)=\lim\limits_{x\to -1^+}x=-1$，即 $\lim\limits_{x\to -1^-}f(x)\neq\lim\limits_{x\to -1^+}f(x)$，所以 $\lim\limits_{x\to -1}f(x)$ 不存在.

$\lim\limits_{x\to 1^-}f(x)=\lim\limits_{x\to 1^-}x=1$，$\lim\limits_{x\to 1^+}f(x)=\lim\limits_{x\to 1^+}1=1$，即 $\lim\limits_{x\to 1^-}f(x)=\lim\limits_{x\to 1^+}f(x)=1$，所以 $\lim\limits_{x\to 1}f(x)=1$.

（二）求函数极限

1. 初等函数在定义域内点 x_0 的极限

【解题方法】　利用初等函数连续性，即 $\lim\limits_{x\to x_0}f(x)=f(x_0)$.

例 2 - 3　求 $\lim\limits_{x\to 1}(3x^2+2x-7)$.

解：$\lim\limits_{x\to 1}(3x^2+2x-7)=3\times 1^2+2\times 1-7=-2$.

2. $\dfrac{0}{0}$ 型极限

【解题方法】　（1）因式分解或有理化，消去零因子.

（2）利用第一个重要极限 $\lim\limits_{\square\to 0}\dfrac{\sin\square}{\square}=1$.

（3）对于乘积和商中的因子，可利用无穷小等价代换.

当 $x\to 0$ 时，有：$x\sim\sin x\sim\tan x\sim\ln(1+x)\sim e^x-1\sim\arcsin x\sim\arctan x$，$1-\cos x\sim\dfrac{1}{2}x^2$，$(1+x)^\alpha-1\sim\alpha x$.

例 2 - 4　求 $\lim\limits_{x\to 2}\dfrac{x^2-3x+2}{x^2+x-6}$.

解：$\lim\limits_{x\to 2}\dfrac{x^2-3x+2}{x^2+x-6}=\lim\limits_{x\to 2}\dfrac{(x-2)(x-1)}{(x+3)(x-2)}=\lim\limits_{x\to 2}\dfrac{x-1}{x+3}=\dfrac{1}{5}$.

例 2 - 5　求 $\lim\limits_{x\to -1}\dfrac{\sqrt{x+2}-1}{x+1}$.

解：$\lim\limits_{x\to -1}\dfrac{\sqrt{x+2}-1}{x+1}=\lim\limits_{x\to -1}\dfrac{(\sqrt{x+2}-1)(\sqrt{x+2}+1)}{(x+1)(\sqrt{x+2}+1)}=\lim\limits_{x\to -1}\dfrac{x+1}{(x+1)(\sqrt{x+2}+1)}=$ $\lim\limits_{x\to -1}\dfrac{1}{\sqrt{x+2}+1}=\dfrac{1}{2}$.

例 2 - 6　求 $\lim\limits_{x\to 0}\dfrac{\sin 3x-\tan 2x}{x}$.

解：$\lim\limits_{x\to 0}\dfrac{\sin 3x-\tan 2x}{x}=\lim\limits_{x\to 0}\left(3\dfrac{\sin 3x}{3x}-2\dfrac{\tan 2x}{2x}\right)=3\lim\limits_{x\to 0}\dfrac{\sin 3x}{3x}-2\lim\limits_{x\to 0}\dfrac{\tan 2x}{2x}=3-2=1$.

例 2 - 7 求 $\lim\limits_{x\to 0}\dfrac{\ln(1+x)}{e^{2x}-1}$.

解：当 $x\to 0$ 时，$\ln(1+x)\sim x$，$e^{2x}-1\sim 2x$，故 $\lim\limits_{x\to 0}\dfrac{\ln(1+x)}{e^{2x}-1}=\lim\limits_{x\to 0}\dfrac{x}{2x}=\dfrac{1}{2}$.

3. $\dfrac{\infty}{\infty}$ 型极限

【解题方法】 (1) 分子、分母同除以分式中最高次幂，利用 $\lim\limits_{x\to\infty}\dfrac{1}{x^{\alpha}}=0(\alpha>0)$.

(2) 利用 $\lim\limits_{x\to+\infty}q^{x}=0(0<|q|<1)$.

例 2 - 8 求 $\lim\limits_{x\to\infty}\dfrac{x^2-5}{3x^2-7x+1}$.

解：$\lim\limits_{x\to\infty}\dfrac{x^2-5}{3x^2-7x+1}=\lim\limits_{x\to\infty}\dfrac{1-5\cdot\dfrac{1}{x^2}}{3-7\cdot\dfrac{1}{x}+\dfrac{1}{x^2}}=\dfrac{1}{3}$.

例 2 - 9 求 $\lim\limits_{x\to+\infty}\dfrac{\sqrt{1+x^2}-1}{x+1}$.

解：$\lim\limits_{x\to+\infty}\dfrac{\sqrt{1+x^2}-1}{x+1}=\lim\limits_{x\to+\infty}\dfrac{\sqrt{\dfrac{1}{x^2}+1}-\dfrac{1}{x}}{1+\dfrac{1}{x}}=1$.

例 2 - 10 求 $\lim\limits_{x\to+\infty}\dfrac{2^x-1}{3^x+2}$.

解：$\lim\limits_{x\to+\infty}\dfrac{2^x-1}{3^x+2}=\lim\limits_{x\to+\infty}\dfrac{\left(\dfrac{2}{3}\right)^x-\left(\dfrac{1}{3}\right)^x}{1+2\cdot\left(\dfrac{1}{3}\right)^x}=0$.

4. $\infty-\infty$ 型极限

【解题方法】 通分，化为 $\dfrac{0}{0}$ 或 $\dfrac{\infty}{\infty}$ 型极限.

例 2 - 11 求 $\lim\limits_{x\to 2}\left(\dfrac{2x}{x^2-4}-\dfrac{1}{x-2}\right)$.

解：$\lim\limits_{x\to 2}\left(\dfrac{2x}{x^2-4}-\dfrac{1}{x-2}\right)=\lim\limits_{x\to 2}\dfrac{2x-(x+2)}{x^2-4}=\lim\limits_{x\to 2}\dfrac{x-2}{(x-2)(x+2)}=\lim\limits_{x\to 2}\dfrac{1}{x+2}=\dfrac{1}{4}$.

例 2 - 12 求 $\lim\limits_{x\to+\infty}(\sqrt{x^2+1}-x)$.

解：$\lim\limits_{x\to+\infty}(\sqrt{x^2+1}-x)=\lim\limits_{x\to+\infty}\dfrac{(\sqrt{x^2+1}-x)(\sqrt{x^2+1}+x)}{(\sqrt{x^2+1}+x)}=\lim\limits_{x\to+\infty}\dfrac{1}{\sqrt{x^2+1}+x}=0$.

5. $0\cdot\infty$ 型极限

【解题方法】 恒等变形，化为 $\dfrac{0}{0}\left(=\dfrac{0}{\dfrac{1}{\infty}}\right)$ 或 $\dfrac{\infty}{\infty}\left(=\dfrac{\infty}{\dfrac{1}{0}}\right)$ 型极限.

例 2 - 13 求 $\lim\limits_{x\to\infty}x\sin\dfrac{1}{x^2}$.

$$\text{解：} \lim_{x \to \infty} x \sin \frac{1}{x^2} = \lim_{x \to \infty} \frac{\sin \frac{1}{x^2}}{\frac{1}{x}} = \lim_{x \to \infty} \frac{1}{x} \cdot \lim_{x \to \infty} \frac{\sin \frac{1}{x^2}}{\frac{1}{x^2}} = 0 \times 1 = 0.$$

6. 1^∞ 型极限

【**解题方法**】 利用第二个重要极限 $\lim_{\square \to 0}(1+\square)^{\frac{1}{\square}} = \mathrm{e}$.

例 2 - 14   求 $\lim_{x \to \infty}\left(1 + \dfrac{3}{x}\right)^{x+3}$.

$$\text{解：} \lim_{x \to \infty}\left(1 + \frac{3}{x}\right)^{x+3} = \lim_{x \to \infty}\left(1 + \frac{3}{x}\right)^{\frac{x}{3}\left(3 + \frac{9}{x}\right)} = \lim_{x \to \infty}\left(1 + \frac{3}{x}\right)^{\frac{x}{3}\left(3 + \frac{9}{x}\right)}$$

$$= \lim_{x \to \infty}\left[\left(1 + \frac{3}{x}\right)^{\frac{x}{3}}\right]^{\left(3 + \frac{9}{x}\right)} = \mathrm{e}^3.$$

例 2 - 15   求 $\lim_{x \to 0}(1 + \sin x)^{\frac{1}{x}}$.

$$\text{解：} \lim_{x \to 0}(1 + \sin x)^{\frac{1}{x}} = \lim_{x \to 0}(1 + \sin x)^{\frac{1}{\sin x} \cdot \frac{\sin x}{x}} = \lim_{x \to 0}\left[(1 + \sin x)^{\frac{1}{\sin x}}\right]^{\frac{\sin x}{x}} = \mathrm{e}^1 = \mathrm{e}.$$

7. 无穷小乘有界函数的极限

【**解题方法**】 利用无穷小的性质：有界函数与无穷小的乘积是无穷小.

例 2 - 16 $\lim_{x \to \infty} \dfrac{x \cos x}{\sqrt{1 + x^3}}$.

$$\text{解：由于} \lim_{x \to +\infty} \frac{x}{\sqrt{1 + x^3}} = \lim_{x \to +\infty} \sqrt{\frac{\frac{1}{x}}{\frac{1}{x^3} + 1}} = 0, \text{即 } x \to 0 \text{ 时,} \frac{x}{\sqrt{1 + x^3}} \text{为无穷小量,又 } \cos x \text{ 有}$$

界, 故 $\lim_{x \to \infty} \dfrac{x \cos x}{\sqrt{1 + x^3}} = 0.$

8. 其他

例 2 - 17 $\lim_{n \to \infty}\left(\dfrac{1}{n^2 + n + 1} + \dfrac{2}{n^2 + n + 2} + \cdots + \dfrac{n}{n^2 + n + n}\right)$.

【**解题方法**】 利用三明治定理.

解：由于

$$\frac{1 + 2 + \cdots + n}{n^2 + n + n} < \frac{1}{n^2 + n + 1} + \frac{2}{n^2 + n + 2} + \cdots + \frac{n}{n^2 + n + n} < \frac{1 + 2 + \cdots + n}{n^2 + n + 1},$$

即

$$\frac{n(n+1)}{2(n^2 + n + n)} < \frac{1}{n^2 + n + 1} + \frac{2}{n^2 + n + 2} + \cdots + \frac{n}{n^2 + n + n} < \frac{n(n+1)}{2(n^2 + n + 1)}.$$

又

$$\lim_{n \to \infty} \frac{n(n+1)}{2(n^2 + n + n)} = \frac{1}{2}, \lim_{n \to \infty} \frac{n(n+1)}{2(n^2 + n + 1)} = \frac{1}{2},$$

由三明治定理知

$$\lim_{n \to \infty}\left(\frac{1}{n^2 + n + 1} + \frac{2}{n^2 + n + 2} + \cdots + \frac{n}{n^2 + n + n}\right) = \frac{1}{2}.$$

（三）函数连续性讨论

例 2 - 18　讨论 $f(x)=\begin{cases} x^2 & 0\leqslant x<1 \\ 2-x & 1\leqslant x\leqslant 2 \end{cases}$ 在 $x=1$ 处的连续性.

解：因为 $\lim\limits_{x\to 1^-}f(x)=\lim\limits_{x\to 1^-}x^2=1$，$\lim\limits_{x\to 1^+}f(x)=\lim\limits_{x\to 1^+}(2-x)=1$，且 $f(1)=1$，故 $\lim\limits_{x\to 1}f(x)=1=f(1)$，因此 $f(x)$ 在 $x=1$ 处连续.

例 2 - 19　设 $f(x)=\begin{cases} e^x+1 & x<0 \\ k & x=0 \\ \dfrac{\sin 2x}{x} & x>0 \end{cases}$，问 k 取何值，$f(x)$ 在 $x=0$ 处的连续性.

解：由于 $\lim\limits_{x\to 0^-}f(x)=\lim\limits_{x\to 0^-}(e^x+1)=2$，$\lim\limits_{x\to 0^+}f(x)=\lim\limits_{x\to 0^+}\dfrac{\sin 2x}{x}=2\lim\limits_{x\to 0^+}\dfrac{\sin 2x}{2x}=2$，所以 $\lim\limits_{x\to 0}f(x)=2$. 又 $f(0)=k$，当 $k=2$ 时，有 $\lim\limits_{x\to 0}f(x)=f(0)$，$f(x)$ 在 $x=0$ 处连续.

（四）函数间断点及类型

例 2 - 20　判断下列函数是否有间断点？是哪一类间断点？

(1) $f(x)=x\sin\dfrac{1}{x}$；　　　　　　　(2) $f(x)=\dfrac{1+x^2}{1+x}$.

解：(1) 函数 $f(x)=x\sin\dfrac{1}{x}$ 是初等函数，在定义域内处处连续. 在 $x=0$ 处无定义，故 $x=0$ 为 $f(x)$ 的间断点. 由于 $\lim\limits_{x\to 0}f(x)=\lim\limits_{x\to 0}x\sin\dfrac{1}{x}=0$，故 $x=0$ 为 $f(x)$ 的第一类间断点.

(2) 函数 $f(x)=\dfrac{1+x^2}{1+x}$ 是初等函数，在定义域内处处连续. 在 $x=-1$ 处无定义，故 $x=-1$ 为 $f(x)$ 的间断点. 由于 $\lim\limits_{x\to -1}f(x)=\lim\limits_{x\to -1}\dfrac{1+x^2}{1+x}=\infty$，故 $x=-1$ 为 $f(x)$ 的第二类间断点.

（五）方程根的判断

例 2 - 21　证明方程 $x^2-\sin x=1$ 在 $(0,2\pi)$ 内有根.

解：设 $f(x)=x^2-\sin x-1$，显然 $f(x)$ 在 $[0,2\pi]$ 上连续. 又 $f(0)=-1<0$，$f(2\pi)=4\pi^2-1>0$，由介值定理可知方程 $x^2-\sin x-1=0$，即 $x^2-\sin x-1=0$ 在 $(0,2\pi)$ 内至少有一个根.

三、能力训练

(一) 极限的概念

1. 已知 $f(x)=\begin{cases} x-1 & x>0 \\ x+1 & x\leqslant 0 \end{cases}$，讨论函数 $f(x)$ 在 $x\to 0$ 时的极限.

2. 已知 $f(x)=\dfrac{|x|}{x}$，讨论函数 $f(x)$ 在 $x\to 0$ 时的极限.

3. 已知函数 $f(x)=\begin{cases} 3^x & x<0 \\ x+k & x\geqslant 0 \end{cases}$ 的极限 $\lim\limits_{x\to 0} f(x)$ 存在，求 k 和 $\lim\limits_{x\to 0} f(x)$.

4. 已知 $\lim\limits_{x\to -1}\dfrac{x^2-2x+k}{x+1}$ 存在，试确定 k 的值，并求这个极限.

5. 求下列函数的垂直渐近线与水平渐近线:

(1) $f(x)=\dfrac{1}{x+2}$;　　　　　　　　(2) $f(x)=\dfrac{3x^2}{x^2+3x+2}$.

(二) 无穷小与无穷大

6. $f(x)=1-\cos 3x(x\to 0)$ 与 mx^n 等价无穷小,$m=$ _____ ,$n=$ _____ .

7. 当 $x\to 0$ 时,$x^2-\sin x$ 是关于 x 的(　　).

　　A. 高阶无穷小　B. 同阶无穷小　　　C. 低阶无穷小　　　D. 等价无穷小

8. 当 $x\to 1$ 时,下列变量中不是无穷小量的是(　　).

　　A. x^2-1　　　　B. $x(x-2)+1$　　　C. $3x^2-2x-1$　　　D. $4x^2-2x+1$

9. 指出 x 的某一个变化过程,使得下列函数的极限是零:

(1) $f(x)=2x-1$;　(2) $f(x)=\dfrac{1}{x-1}$;　(3) $f(x)=\ln x$;　(4) $f(x)=2^x$.

10. 当 $x\to 0$ 时,$2x-x^2$ 与 x^2-x^3 相比,哪一个是高阶无穷小?

(三) 极限的计算

11. 已知 $\lim\limits_{n\to\infty}\dfrac{a^2n^2+bn+5}{3n-2}=2$,则 $a=$ _____ ,$b=$ _____ .

12. 已知 $\lim\limits_{x\to 1}\dfrac{ax^2+2x+b}{x^2-3x+2}=2$,则 $a=$ _____ ,$b=$ _____ .

13. 求下列极限:

(1) $\lim\limits_{x \to 3} \dfrac{x^2 + 3x + 5}{2x^2 - x + 1}$;

(2) $\lim\limits_{x \to 1} \dfrac{x^2 + 3x - 4}{2x^2 - x - 1}$;

(3) $\lim\limits_{x \to 1} \left(\dfrac{1}{x-1} - \dfrac{2}{x^2 - 1} \right)$;

(4) $\lim\limits_{x \to \infty} \dfrac{x^5 + x^4 - 2}{x^2 + x}$;

(5) $\lim\limits_{x \to 1} \dfrac{\cos \pi x + 2}{x + 1}$;

(6) $\lim\limits_{x \to 1} \dfrac{x^2 - x}{x^2 + 2x - 3}$;

(7) $\lim\limits_{x \to 3} \left(\dfrac{1}{2} x^2 - 3x - 5 \right)$;

(8) $\lim\limits_{x \to +\infty} \dfrac{1 + \sqrt{x}}{1 - \sqrt{x}}$;

(9) $\lim\limits_{x\to\infty}\left(3-\dfrac{100}{x^2}\right)\left(4+\dfrac{3}{x}\right)$;

(10) $\lim\limits_{x\to\infty}\dfrac{x^2+3x+5}{2x^2-x+1}$;

(11) $\lim\limits_{x\to\infty}\dfrac{x^2+3x+5}{2x^3-x+1}$;

(12) $\lim\limits_{x\to1}\left(\dfrac{1}{1-x}-\dfrac{3}{1-x^3}\right)$;

(13) $\lim\limits_{n\to\infty}\dfrac{n^2+2n+6}{n^2}$;

(14) $\lim\limits_{x\to0}\dfrac{\sqrt{1+x}-1}{x}$.

(四) 两个重要极限

14. $\lim\limits_{x\to0}\dfrac{\sin x}{x}=$ _____ , $\lim\limits_{x\to\frac{\pi}{2}}\dfrac{\sin x}{x}=$ _____ , $\lim\limits_{x\to\infty}\dfrac{\sin x}{x}=$ _____ ,

$\lim\limits_{x\to0}x\sin\dfrac{1}{x}=$ _____ , $\lim\limits_{x\to\infty}x\sin\dfrac{1}{x}=$ _____ .

15. 求下列极限：

(1) $\lim\limits_{x\to0}\dfrac{\sin 2x}{x}$;

(2) $\lim\limits_{x\to0}\dfrac{\sin x^3}{(\sin x)^2}$;

(3) $\lim\limits_{x\to 0}\dfrac{\ln(1+3x)}{\tan 2x}$；

(4) $\lim\limits_{x\to +\infty} x\sin\dfrac{1}{x}$；

(5) $\lim\limits_{x\to 0}\dfrac{\sin 3x^2}{x^2}$；

(6) $\lim\limits_{x\to 0}\dfrac{1-\cos x}{\sin^2 x}$；

(7) $\lim\limits_{x\to \infty}\left(1-\dfrac{2}{x}\right)^{-x}$；

(8) $\lim\limits_{x\to 0}\left(\dfrac{1+x}{1-x}\right)^{\frac{1}{x}}$；

(9) $\lim\limits_{x\to 0}(1+\tan x)^{\cot x}$；

(10) $\lim\limits_{x\to +\infty}\left(1-\dfrac{1}{x}\right)^{\sqrt{x}}$．

（五）函数连续性

16. 求下列函数的间断点,并判别间断点的类型：

(1) $y = \dfrac{x}{(1+x)^2}$；   (2) $y = \dfrac{|x|}{x}$；   (3) $f(x) = \begin{cases} 3x-1 & x<1 \\ 1 & x=1. \\ 3-x & x>1 \end{cases}$

17. 设 $f(x) = \begin{cases} x & 0<x<1 \\ \dfrac{1}{2} & x=1 \\ 1 & 1<x<2 \end{cases}$，问：(1) $\lim\limits_{x \to 1} f(x)$存在吗? (2) $f(x)$在 $x=1$ 处连续吗? 若不连续,说明是哪类间断点?

18. 根据连续函数的性质,验证方程 $x^5 - 3x = 1$ 至少有一个根介于 1 和 2 之间.

19. 已知函数 $f(x) = \begin{cases} e^x & x<0 \\ a+x & x \geqslant 0 \end{cases}$ 在 $x=0$ 处连续,求 a 的值.

20. 已知函数 $f(x)=\begin{cases} \dfrac{1}{x}\sin\dfrac{x}{3} & x\neq 0 \\ a & x=0 \end{cases}$ 在 $(-\infty,+\infty)$ 上是连续函数,求 a 的值.

(六) 极限的应用

21. 某企业计划发行公司债券,规定以年利 8% 的连续复利计算利息,10 年后每份债券一次偿还本息 $1\,000$ 元,问发行时每份债券的价格应定为多少元?

22. 某公司有一笔 $200\,000$ 元的闲置资金进行长期投资,按照年收益率为 6% 的连续复利进行计算,问 20 年后的收益为多少?

23. 有一笔按照 6.5% 的年利率的投资,若按照连续复利进行计算,16 年后得到 5 万元,问当初的投资额为多少?

第三章 导数与微分

一、知识点梳理

1. 导数的概念

(1) 函数在 x_0 处的导数：$y'|_{x=x_0} = \lim\limits_{\Delta x \to 0} \dfrac{f(x_0 + \Delta x) - f(x_0)}{\Delta x} \left(\text{或} \lim\limits_{x \to x_0} \dfrac{f(x) - f(x_0)}{x - x_0} \right)$，或记作 $f'(x_0)$，$\dfrac{\mathrm{d}y}{\mathrm{d}x}\Big|_{x=x_0}$，$\dfrac{\mathrm{d}}{\mathrm{d}x}f(x)\Big|_{x=x_0}$.

导函数：$f'(x) = \lim\limits_{\Delta x \to 0} \dfrac{f(x + \Delta x) - f(x)}{\Delta x}$ 或 $f'(x) = \lim\limits_{h \to 0} \dfrac{f(x + h) - f(x)}{h}$，记作 y'，$f'(x)$，$\dfrac{\mathrm{d}y}{\mathrm{d}x}$ 或 $\dfrac{\mathrm{d}}{\mathrm{d}x}f(x)$. 导函数简称为导数.

函数在某一点的导数就是导函数在该点的函数值，所以计算已知函数在某点的导数时，可以先求出该函数的导函数，然后再求出导函数在该点的函数值.

(2) 左导数与右导数

函数 $f(x)$ 在点 x_0 处的左导数：$f'_-(x_0) = \lim\limits_{\Delta x \to 0^-} \dfrac{\Delta y}{\Delta x} = \lim\limits_{\Delta x \to 0^-} \dfrac{f(x_0 + \Delta x) - f(x_0)}{\Delta x}$.

函数 $f(x)$ 在点 x_0 处的右导数：$f'_+(x_0) = \lim\limits_{\Delta x \to 0^+} \dfrac{\Delta y}{\Delta x} = \lim\limits_{\Delta x \to 0^+} \dfrac{f(x_0 + \Delta x) - f(x_0)}{\Delta x}$.

(3) 可导判定定理：$y = f(x)$ 在点 x_0 可导 $\Leftrightarrow f'_-(x_0) = f'_+(x_0)$.

2. 导数的几何意义

函数 $y = f(x)$ 在点 $x = x_0$ 处的导数 $f'(x_0)$ 的**几何意义**就是曲线 $y = f(x)$ 在点 $M(x_0, f(x_0))$ 处的切线的斜率. 因此，曲线 $y = f(x)$ 在给定点 $M(x_0, y_0)$ 处的

切线方程为：$y - y_0 = f'(x_0)(x - x_0)$；

法线方程为：$y - y_0 = -\dfrac{1}{f'(x_0)}(x - x_0) \quad (f'(x_0) \neq 0)$.

> ⧖ **注意**：$y = f(x)$ 在点 $x = x_0$ 处的导数为无穷大时，应该有两种情况：(1) 垂直于 x 轴的切线；(2) 没有切线. 比如函数 $y = \dfrac{1}{x}$、$y = \sqrt{x^2}$ 在点 $x = 0$ 处没有切线.

3. 可导与连续的关系

函数 $y = f(x)$ 在点 x 处可导则必定连续，但连续却未必可导，即函数连续是函数可导的必要条件，而不是充分条件.

4. 导数的运算

（1）四则运算

设函数 $u=u(x)$ 和 $v=v(x)$ 在点 x 均可导，则有

① $(u\pm v)'=u'\pm v'$；

② $(uv)'=u'v+uv'$；

③ $(Cu)'=Cu'$（C 为常数）；

④ $\left(\dfrac{u}{v}\right)'=\dfrac{u'v-uv'}{v^2}$（$v\neq0$）.

（2）复合函数求导法则

设 $y=f[g(x)]$ 是由 $y=f(u)$ 与 $u=g(x)$ 复合而成的函数，函数 $u=g(x)$ 在点 x 可导，$y=f(u)$ 在对应点 $u=g(x)$ 也可导，则复合函数 $y=f[g(x)]$ 的**求导法则**为 $\boxed{\dfrac{dy}{dx}=\dfrac{dy}{du}\cdot\dfrac{du}{dx}}$.

（3）隐函数的求导

形如方程 $F(x,y)=0$ 所决定的函数叫作**隐函数**.

求法：将方程两边同时对 x 求导，将 y 看作 x 的复合函数，用复合函数的求导法则，就可以求得隐函数的导数；

（4）对数求导法

适用对象：幂指函数和有较多开方乘方以及乘除法的函数求导.

（5）由参数方程所确定的函数的求导

参数方程的一般形式是 $\begin{cases}x=g(t)\\y=h(t)\end{cases}$，$\alpha\leqslant t\leqslant\beta$，其导数为：$\dfrac{dy}{dx}=\dfrac{\frac{dy}{dt}}{\frac{dx}{dt}}$.

5. 高阶导数

二阶以及二阶以上的导数统称**高阶导数**. 记作：y''，$f'''(x)$，$\cdots$，$f^{(n)}(x)$ 或 $\dfrac{d^2y}{dx^2}$，$\dfrac{d^3y}{dx^3}$，$\cdots$，$\dfrac{d^ny}{dx^n}$.

6. 莱布尼兹(Leibniz)公式

$(uv)^{(n)}=C_n^0u^{(n)}v+C_n^1u^{(n-1)}v'+C_n^2u^{(n-2)}v''+\cdots+C_n^nuv^{(n)}$，简记为 $(uv)^{(n)}=\sum\limits_{k=0}^{n}C_n^ku^{(n-k)}v^{(k)}$ 用来求乘积形式的函数的高阶导数.

7. 微分的定义

函数 $y=f(x)$ 在点 x 的微分记作：$dy=f'(x)\Delta x$ 或 $dy=f'(x)dx$.

8. 微分的几何意义

函数 $y=f(x)$ 在点 x 处的微分的几何意义就是曲线 $y=f(x)$ 在点 $M(x,y)$ 处的切线的纵坐标的增量.

9. 微分的运算

（1）微分的基本公式表

（2）四则运算法则：设 u,v 都是 x 的函数，C 是常数，则有

① $d[u\pm v]=du\pm dv$；

② $d(uv)=vdu+udv$；

③ $d(Cu)=Cdu$；

④ $d\left(\dfrac{u}{v}\right)=\dfrac{vdu-udv}{v^2}$.

10. 复合函数求微分(微分形式的不变性)

复合函数 $y=f[\varphi(x)]$，即 $y=f(u)$，$u=\varphi(x)$，其微分为：

$$dy=f'[\varphi(x)]\varphi'(x)dx=f'(\varphi(x))d\varphi(x)=f'(u)du.$$

二、题型与解法

(一) 证明导数的存在性及可导与连续的关系

例 3－1 证明 $y=f(x)=|x|=\begin{cases} x & x\geqslant 0 \\ -x & x<0 \end{cases}$，虽然在 $x=0$ 处连续，但在该点不可导.

【**解题方法**】 利用导数的定义和可导判定定理.

证明：因为 $\triangle y=f(0+\triangle x)-f(0)=\triangle x$，

所以 $f'_+(0)=\lim\limits_{\triangle x\to 0^+}\dfrac{\triangle y}{\triangle x}=\lim\limits_{\triangle x\to 0^+}\dfrac{|\triangle x|}{\triangle x}=\lim\limits_{\triangle x\to 0^+}\dfrac{\triangle x}{\triangle x}=1$；

$f'_-(0)=\lim\limits_{\triangle x\to 0^-}\dfrac{\triangle y}{\triangle x}=\lim\limits_{\triangle x\to 0^-}\dfrac{|\triangle x|}{\triangle x}=\lim\limits_{\triangle x\to 0^-}\dfrac{-\triangle x}{\triangle x}=-1$，

因为 $f'_+(0)\neq f'_-(0)$，

所以 $y=|x|$ 在 $x=0$ 点处不可导.

(二) 求导数值或导函数

1. 利用导数的定义求导数

例 3－2 求函数 $y=x^2$ 在点 $x=1$ 处的导数.

【**解题方法**】 利用导数的定义.

解：求增量：$\triangle y=f(1+\triangle x)-f(1)=(1+\triangle x)^2-1^2=2\triangle x+\triangle x^2$，

算比值：$\dfrac{\triangle y}{\triangle x}=2+\triangle x$，

求极限：$\lim\limits_{\triangle x\to 0}\dfrac{\triangle y}{\triangle x}=\lim\limits_{\triangle x\to 0}(2+\triangle x)=2$.

则 $f'(1)=2$ 或写成 $\dfrac{dy}{dx}\Big|_{x=1}=2\times 1=2$.

2. 结合求导公式和四则运算法则求导

例 3－3 求函数 $f(x)=\dfrac{5x-2}{x^2+1}$ 的导数.

【**解题方法**】 结合求导公式和除法法则求导.

解：$f'(x)=\dfrac{(5x-2)'(x^2+1)-(5x-2)(x^2+1)'}{(x^2+1)^2}$

$=\dfrac{5(x^2+1)-(5x-2)2x}{(x^2+1)^2}$

$$= \frac{-5x^2 + 4x + 5}{(x^2 + 1)^2}.$$

3. 复合函数求导

【解题方法】 熟练运用复合函数求导的链式法则：$\boxed{\dfrac{\mathrm{d}y}{\mathrm{d}x} = \dfrac{\mathrm{d}y}{\mathrm{d}u} \cdot \dfrac{\mathrm{d}u}{\mathrm{d}x}}$

例 3-4 求 $y = \sqrt{x^2 + 1}$ 的导数.

解：令 $y = \sqrt{u}$，$u = x^2 + 1$，

由于 $\dfrac{\mathrm{d}y}{\mathrm{d}u} = \dfrac{1}{2\sqrt{u}}$，$\dfrac{\mathrm{d}u}{\mathrm{d}x} = 2x$，

所以 $\dfrac{\mathrm{d}y}{\mathrm{d}x} = \dfrac{1}{2\sqrt{u}} \cdot 2x = \dfrac{x}{\sqrt{x^2 + 1}}$.

4. 隐函数求导

例 3-5 求由方程 $xy - \mathrm{e}^x + \mathrm{e}^y = 0$ 所确定的隐函数的导数.

【解题方法】 方程两边同时对 x 求导，注意 e^y 是 y 的函数，y 又是 x 的函数，因此，e^y 是 x 的复合函数.

解：方程两端对 x 求导：

$$y + xy' - \mathrm{e}^x + \mathrm{e}^y \cdot y' = 0,$$
$$y'(x + \mathrm{e}^y) = \mathrm{e}^x - y,$$
$$y' = \frac{\mathrm{e}^x - y}{x + \mathrm{e}^y} (x + \mathrm{e}^y \neq 0).$$

5. 对数求导法

例 3-6 求 $y = x^{\sin x} (x > 0)$ 的导数.

【解题方法】 对这样的两种类型的函数先在方程两边同取对数，后利用隐函数的求导原理求出导数.

解：两边取对数，$\ln y = \sin x \cdot \ln x$，

等式两端对 x 求导 $\dfrac{1}{y} y' = \dfrac{\sin x}{x} + \cos x \cdot \ln x$，

所以 $y' = x^{\sin x} \left(\dfrac{\sin x}{x} + \cos x \times \ln x \right)$.

例 3-7 设 $y = (x - 1)\sqrt[3]{(3x + 1)^2 (x - 2)}$，求 y'.

【解题方法】 对这样的两种类型的函数先在方程两边同取对数，后利用隐函数的求导原理求出导数.

解：两边先取绝对值，再取对数，得

$$\ln |y| = \ln |x - 1| + \frac{2}{3} \ln |3x + 1| + \frac{1}{3} \ln |x - 2|,$$

两端对 x 求导：$\dfrac{1}{y} y' = \dfrac{1}{x - 1} + \dfrac{2}{3} \cdot \dfrac{3}{3x + 1} + \dfrac{1}{3} \cdot \dfrac{1}{x - 2}$，

所以 $y' = (x - 1) \cdot \sqrt[3]{(3x + 1)^2 (x - 2)} \cdot \left[\dfrac{1}{x - 1} + \dfrac{2}{3x + 1} + \dfrac{1}{3(x - 2)} \right]$.

(三) 求切线方程和法线方程

例 3－8　求函数 $y＝f(x)＝x^2$ 在点 $x＝2$ 处的切线与法线方程.

【解题方法】　法线方程为：$y－y_0＝－\dfrac{1}{f'(x_0)}(x－x_0)$；

切线方程为：$y－y_0＝f'(x_0)(x－x_0)$.

解：$y'＝2x,y'|_{x=2}＝4.$

由导数的几何意义,函数 $f(x)＝x^2$ 在点 $x＝2$ 处的切线的方程为：$y－4＝4(x－2)$.

函数 $f(x)＝x^2$ 在点 $x＝2$ 处的法线的方程为：$y－4＝－\dfrac{1}{4}(x－2)$.

(四) 微分

例 3－9　求函数 $y＝x^2$ 当 $x＝3$ 和 $\Delta x＝0.02$ 时的微分.

【解题方法】　利用微分的定义求解.

解：$\mathrm{d}y＝(x^2)'\Delta x＝2x\Delta x$,所以 $\mathrm{d}y\Big|_{\substack{x=3\\\Delta x=0.02}}＝2x\Delta x\Big|_{\substack{x=3\\\Delta x=0.02}}＝0.12.$

例 3－10　利用形式不变性求 $y＝\sin(2x＋1)$ 的微分 $\mathrm{d}y$.

【解题方法】　理解和应用微分形式不变性.

解：$\mathrm{d}y＝\mathrm{d}[\sin(2x＋1)]＝\cos(2x＋1)\mathrm{d}(2x＋1)＝2\cos(2x＋1)\mathrm{d}x.$

三、能力训练

(一) 导数和微分的概念

1. 若 $f(0)＝0,f'(0)＝2$,函数 $f(x)$ 在 $x＝0$ 处可导,则 $\lim\limits_{x\to0}\dfrac{f(x)}{x}＝$ ＿＿＿＿＿＿.

2. 已知函数 $y＝x^2$,自变量 x 由 1 变化到 0.98 时,Δy 的精确值为 ＿＿＿＿＿,$\mathrm{d}y|_{x=1}＝$ ＿＿＿＿＿.

3. 已知 $f'(x_0)＝2$,则 $\lim\limits_{h\to0}\dfrac{f(x_0＋2h)－f(x_0)}{h}＝$ ＿＿＿＿＿,$\lim\limits_{h\to0}\dfrac{f(x_0－5h)－f(x_0)}{h}$

＝ ＿＿＿＿＿,$\lim\limits_{h\to0}\dfrac{f(x_0＋2h)－f(x_0－h)}{2h}＝$ ＿＿＿＿＿.

(二) 导数的几何意义

4. 求抛物线 $y＝x^2$ 在点 $(1,1)$ 处的切线方程和法线方程.

（三）导数的计算

5. 求下列函数的导数：

（1）$y = x\mathrm{e}^{5x-1}$；

（2）$y = \ln(\sin 2x)$；

（3）$y = \sin^3 x \cdot \cos 3x$；

（4）$y = \dfrac{2-\sin x}{2-\cos x}$；

（5）$y = \arctan \dfrac{1}{x}$；

（6）$y = (x-1)\sqrt[3]{(3x+1)^2(x-2)}$；

（7）$\begin{cases} x = t + \sin t \\ y = \mathrm{e}^t + \cos t \end{cases}$（$t$ 为参数），求 y'；

（8）$y = \mathrm{e}^{-x}$，求 $y^{(n)}$；

(9) $y=x^{\sin x}(x>0)$;　　　　　　(10) $y=\dfrac{x}{x-1}$，求 y''；

(11) 已知方程 $y^3=2xy+e^{x-y}$ 确定了隐函数 $y=f(x)$，求 $\dfrac{dy}{dx}$；

(12) 已知 $y=x^2e^{2x}$，求 $y^{(20)}$.

(四) 微分的计算

6. 求下列函数的微分：

(1) $y=2\sin\left(3x+\dfrac{\pi}{6}\right)$，求 $\dfrac{dy}{dx}\Big|_{x=\frac{\pi}{18}}$；　　　(2) $y=\ln\sin\dfrac{x}{4}$；

(3) $y=\cos\sqrt{x}$；　　　　　　(4) $y=e^{1-3x}\cos x$.

第四章　导数与微分的应用

一、知识点梳理

1. 罗尔定理

(1) 定理:如果函数 $f(x)$ 满足 $f(x)$ 在闭区间 $[a,b]$ 连续,$f(x)$ 在开区间 (a,b) 可导,$f(a)=f(b)$,那么在开区间 (a,b) 内必存在一点 ξ,使得 $f'(\xi)=0$.

(2) 几何意义:如果在点 $(a,f(a))$ 和点 $(b,f(b))$(满足 $f(b)=f(a)$)存在一条连绵不断的而且是光滑的函数曲线,那么在曲线某一点处必定有平行于 x 轴的切线.

2. 拉格朗日中值定理

(1) 定义:如果函数 $f(x)$ 满足:① $f(x)$ 在闭区间 $[a,b]$ 连续;② 在开区间 (a,b) 可导. 那么开区间 (a,b) 内存在一点 ξ,使得 $f'(\xi)=\dfrac{f(b)-f(a)}{b-a}$.

(2) 几何意义:如果在点 $(a,f(a))$ 和点 $(b,f(b))$ 存在一条连绵不断的而且是光滑的函数曲线,那么在曲线某一点处必定有切线平行于点 $(a,f(a))$ 和点 $(b,f(b))$ 的连线.

3. 洛必达法则

如果当 $x \to x_0$ 时,函数 $f(x)$ 与 $g(x)$ 满足条件:(1) $\lim\limits_{x \to x_0} f(x) = \lim\limits_{x \to x_0} g(x) = 0$;(2) $f(x)$ 和 $g(x)$ 都可导(点 x_0 可以除外)且 $g'(x) \neq 0$;(3) $\lim\limits_{x \to x_0} \dfrac{f'(x)}{g'(x)}$ 存在(或为无穷大),则有

$$\lim_{x \to x_0} \frac{f(x)}{g(x)} = \lim_{x \to x_0} \frac{f'(x)}{g'(x)}.$$

> ⧗ **注意**:这个法则对于 $x \to \infty$ 时未定式也同样适用.

4. 判断函数单调性

设函数 $y=f(x)$ 在区间 $[a,b]$ 上连续,在 (a,b) 内可导. (1) 若在 (a,b) 内 $f'(x) > 0$,则函数 $y=f(x)$ 在区间 $[a,b]$ 上单调增加;(2) 若在 (a,b) 内 $f'(x) < 0$,则函数 $y=f(x)$ 在区间 $[a,b]$ 上单调减小.

5. 函数的极值

(1) 定义:如果函数 $y=f(x)$ 在 $x=x_0$ 附近的函数值都大于 $f(x_0)$,则我们称点 $x=x_0$ 是**极小点**,函数值 $f(x_0)$ 为**极小值**. 如果函数 $y=f(x)$ 在 $x=x_0$ 附近的函数值都小于 $f(x_0)$,则我们称点 $x=x_0$ 为**极大点**,函数值 $f(x_0)$ 为**极大值**.

函数的极大点与极小点统称为**极值点**,函数的极大值与极小值统称为**极值**.

(2) 函数极值的判定定理:设函数 $f(x)$ 在点 x_0 及其附近可导,且 $f'(x_0)=0$.

① 如果当 x 取 x_0 左侧附近的值时,$f'(x)$恒为正;当 x 取 x_0 右侧附近的值时,$f'(x)$恒为负,那么函数 $f(x)$在点 x_0 取得极大值;

② 如果当 x 取 x_0 左侧附近的值时,$f'(x)$恒为负;当 x 取 x_0 右侧附近的值时,$f'(x)$恒为正,那么函数 $f(x)$在点 x_0 取得极小值.

6. 函数的最值

定义域内最大的函数值叫最值.

7. 最值的求法

① 求出函数 $y=f(x)$ 在开区间(a,b)上的驻点与不可导点;

② 求出函数 $y=f(x)$在这些驻点、不可导点及端点处的函数值;

③ 上述函数值中最大的就是最大值,最小的就是最小值.

8. 函数的凹凸性

如果函数曲线上任意两点的连线都位于两点的弧段的下方,那么曲线是**凸的**. 如果函数曲线上任意两点的连线都位于两点的弧段的上方,那么曲线是**凹的**.

连续曲线上凹的曲线弧与凸的曲线弧的分界点叫作曲线的**拐点**.

9. 函数凹凸的判定定理

设函数 $y=f(x)$在某区间上有二阶导数.

① 如果在该区间上有 $f''(x)>0$,那么函数 $y=f(x)$的曲线在该区间上是凹的;

② 如果在该区间上有 $f''(x)<0$,那么函数 $y=f(x)$的曲线在该区间上是凸的.

10. 函数图形的描绘

对于给定的函数 $y=f(x)$,可以按照如下步骤作出图形:

第一步 确定函数 $y=f(x)$的定义域,并考察其奇偶性、周期性;

第二步 求函数 $y=f(x)$的一阶导数和二阶导数,求出 $f'(x)=0$,$f''(x)=0$ 和 $f'(x)$不存在,$f''(x)$不存在的点,用这些点将定义区间分成部分区间;

第三步 列表确定 $y=f(x)$的单调区间、极值、凹凸区间、拐点;

第四步 讨论函数图形的水平渐近线和垂直渐近线;

第五步 根据需要取函数图像上的若干特殊点;

第六步 描点作图.

11. 弧微分

弧长的微分形式,记作 ds. 弧微分的计算公式为

$$ds=\sqrt{1+\left(\frac{dy}{dx}\right)^2}\,dx \quad 或 \quad ds=\sqrt{(dx)^2+(dy)^2}$$

12. 曲率

(1) 定义:曲线的曲率就是针对曲线上某个点的切线方向角对弧长的转动率.

曲率的计算公式:$k=\dfrac{|y''|}{(1+y'^2)^{\frac{3}{2}}}$.

(2) 曲率圆与曲率半径

如果一个圆满足以下条件:① 在点 M 与曲线有公切线;② 与曲线在点 M 附近有相同的凹凸方向;③ 与曲线在点 M 有相同的曲率. 那么这个圆就叫作曲线在点 M 的**曲率圆**,曲率圆的圆心 C 叫作曲线在点 M 的**曲率中心**,曲率圆的半径 R 叫作曲线在点 M 的**曲率半径**.

13. 近似计算

近似计算公式 $\boxed{f(x)\approx f(x_0)+f'(x_0)\Delta x}$，其中 $|\Delta x|=|x-x_0|$ 越小，其计算的精确程度就越高.

14. 误差估计

利用微分的近似计算公式 $\Delta y\approx \mathrm{d}y$，可以进行误差估计.

二、题型与解法

1. 微分中值定理的应用

例 4-1 设函数 $f(x)$ 在 $[0,1]$ 上连续，在 $(0,1)$ 上可导，$f(1)=0$，证明：在 $(0,1)$ 内存在 ξ，使得 $f'(\xi)=-\dfrac{f(\xi)}{\xi}$.

【解题方法】 构造辅助函数（如下），并利用罗尔中值定理.

$$f'(\xi)=-\frac{f(\xi)}{\xi}\to f(\xi)+\xi f'(\xi)=0\to f(x)+xf'(x)=0\to (xf(x))'=0.$$

证明：令 $G(x)=xf(x)$，则 $G(x)$ 在 $[0,1]$ 上连续，在 $(0,1)$ 上可导，且

$$G(0)=0f(0)=0,G(1)=1f(1)=0,G'(x)=f(x)+xf'(x).$$

由罗尔中值定理知，存在 $\xi\in(0,1)$，使得 $G'(\xi)=f(\xi)+\xi f'(\xi)=0$，即

$$f'(\xi)=-\frac{f(\xi)}{\xi}.$$

例 4-2 证明：当 $0<b<a$ 时，$\dfrac{a-b}{a}<\ln\dfrac{a}{b}<\dfrac{a-b}{b}$.

【解题方法】 利用拉格朗日中值定理.

证明：令 $f(x)=\ln x,x\in[b,a]$，在 $[b,a]$ 上使用拉格朗日中值定理，知存在 $\xi\in(b,a)$，使

$$\frac{\ln a-\ln b}{a-b}=f'(\xi)=\frac{1}{\xi}.$$

$b<\xi<a$，所以 $\dfrac{1}{a}<\dfrac{1}{\xi}<\dfrac{1}{b}$，即 $\dfrac{1}{a}<\dfrac{\ln a-\ln b}{a-b}<\dfrac{1}{b}$.

变形得证.

2. 利用洛必达法则求未定式的极限

例 4-3 求 $\lim\limits_{x\to 1}\dfrac{x^3-3x+2}{x^3-x^2-x+1}$.

【解题方法】 $\dfrac{0}{0}$ 型，考虑用洛必达法则.

解：$\lim\limits_{x\to 1}\dfrac{x^3-3x+2}{x^3-x^2-x+1}=\lim\limits_{x\to 1}\dfrac{3x^2-3}{3x^2-2x-1}=\lim\limits_{x\to 1}\dfrac{6x}{6x-2}=\dfrac{6}{4}=\dfrac{3}{2}$.

例 4-4 求 $\lim\limits_{x\to+\infty}\dfrac{\ln x}{x^n}(n>0)$.

【解题方法】 $\dfrac{\infty}{\infty}$ 型，考虑用洛必达法则.

解：$\lim\limits_{x \to +\infty} \dfrac{\ln x}{x^n} = \lim\limits_{x \to +\infty} \dfrac{\frac{1}{x}}{nx^{n-1}} = \lim\limits_{x \to +\infty} \dfrac{1}{nx^n} = 0.$

例 4-5 求 $\lim\limits_{x \to +0} x^2 \ln x.$

【解题方法】 $0 \cdot \infty$ 型，考虑用洛必达法则.

解：$\lim\limits_{x \to +0} x^2 \ln 2x = \lim\limits_{x \to +0} \dfrac{\ln 2x}{\frac{1}{x^2}} = \lim\limits_{x \to +0} \dfrac{(\ln 2x)'}{\left(\frac{1}{x^2}\right)'} = \lim\limits_{x \to +0} \dfrac{\frac{1}{x}}{\frac{-2}{x^3}} = 0.$

例 4-6 求 $\lim\limits_{x \to 1} \left(\dfrac{x}{x-1} - \dfrac{1}{\ln x} \right).$

【解题方法】 $\infty - \infty$ 型，考虑用洛必达法则.

解：$\lim\limits_{x \to 1} \left(\dfrac{x}{x-1} - \dfrac{1}{\ln x} \right) = \lim\limits_{x \to 1} \dfrac{x \ln x - (x-1)}{(x-1)\ln x} = \lim\limits_{x \to 1} \dfrac{x \frac{1}{x} + \ln x - 1}{\ln x + \frac{x-1}{x}} = \lim\limits_{x \to 1} \dfrac{\ln x}{1 - \frac{1}{x} + \ln x}$

$$= \lim\limits_{x \to 1} \dfrac{\frac{1}{x}}{\frac{1}{x^2} + \frac{1}{x}} = \dfrac{1}{2}.$$

3. 利用导数求极值和最值

例 4-7 求函数 $f(x) = \dfrac{1}{3}x^3 - x^2 - 3x + 3$ 的极值.

【解题方法】 利用极值判定定理.

解：(1) $f(x)$ 的定义域为 $(-\infty, +\infty)$；

(2) $f'(x) = x^2 - 2x - 3 = (x+1)(x-3)$；

(3) 令 $f'(x) = 0$，得驻点 $x_1 = -1, x_2 = 3$；

(4) 列表考察 $f'(x)$ 的符号如下：

x	$(-\infty, -1)$	-1	$(-1, 0)$	3	$(3, +\infty)$
$f'(x)$	$+$	0	$-$	0	$+$
$f(x)$	↗	极大值 $\dfrac{14}{3}$	↘	极小值 -6	↗

由上表可知，函数的极大值为 $f(-1) = \dfrac{14}{3}$，极小值为 $f(3) = -6$.

例 4-8 求函数 $f(x) = \dfrac{1}{3}x^3 + \dfrac{1}{2}x^2 - 2x + 2$ 在 $[0, 2]$ 上的最大值与最小值.

【解题方法】 求出驻点和端点处函数值，比较大小.

解：$f'(x) = x^2 + x - 2 = (x-1)(x+2)$，令 $f'(x) = 0$，得到 $x_1 = -2, x_2 = 1$.

由 $f(0) = 2, f(1) = \dfrac{5}{6}, f(2) = \dfrac{8}{3}$ 经过比较，我们有：

$f(x) = \frac{1}{3}x^3 + \frac{1}{2}x^2 - 2x + 2$ 在 $x=1$ 处取最小值 $f(1) = \frac{5}{6}$.

$f(x) = \frac{1}{3}x^3 + \frac{1}{2}x^2 - 2x + 2$ 在 $x=2$ 处取最大值 $f(2) = \frac{8}{3}$.

4. 利用导数判断函数的凹凸并求拐点

例 4 - 9　求曲线 $y = x^3 - 3x^2$ 的凹凸区间和拐点.

【**解题方法**】　求二阶导数,利用相关判定定理做出判断并求出拐点.

解:(1) 函数的定义域为 $(-\infty, +\infty)$;

(2) $y' = 3x^2 - 6x, y'' = 6x - 6 = 6(x-1)$;

(3) 令 $y'' = 0$,得 $x = 1$;

(4) 列表考察 y'' 的符号(表中"⌣"表示曲线是凹的,"⌢"表示曲线是凸的):

x	$(-\infty, 1)$	1	$(1, +\infty)$
y''	$-$	0	$+$
曲线 y	⌢	拐点$(1,-2)$	⌣

由上表可知,曲线在 $(-\infty, 1)$ 内是凸的,在 $(1, +\infty)$ 内是凹的;曲线的拐点为 $(1, -2)$.

5. 函数图形的描绘

例 4 - 10　作出函数 $y = x^3 - 3x^2 + 1$ 的图像.

【**解题方法**】　求出函数的关键点(极值点、极值、拐点)和渐近线,结合函数的单调性和凹凸性作出图形.

解:(1) 函数的定义域为 $(-\infty, +\infty)$,该函数为非奇非偶函数.

(2) $y' = 3x^2 - 6x = 3x(x-2), y'' = 6x - 6 = 6(x-1)$.

令 $y' = 0$,得 $x_1 = 0, x_2 = 2$;$y'' = 0$,得 $x_3 = 1$.

(3) 列表讨论如下:

x	$(-\infty, 0)$	0	$(0, 1)$	1	$(1, 2)$	2	$(2, +\infty)$
y'	$+$	0	$-$	$-$	$-$	0	$+$
y''	$-$	$-$	$-$	0	$+$	$+$	$+$
曲线 y	↗	极大值 1	↘	拐点 $(1,-1)$	↘	极小值 -3	↗

(4) 该曲线无渐近线.

(5) 再取两个点 $(-1, -3), (3, 1)$.

综合以上讨论,作出函数的图像(如右图).

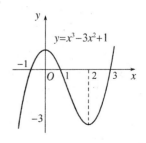

6. 近似计算

例 4 - 11　求 $\sqrt[5]{1.02}$ 的近似值.

【解题方法】　利用微分定义,有公式 $f(x) \approx f(x_0) + f'(x_0)(x - x_0)$.

解:原式 $= \sqrt[5]{1 + 0.02} \approx 1 + \dfrac{0.02}{5} = 1.004$.

三、能力训练

(一) 利用微分中值定理证明下列命题

1. 设 $e < a < b < e^2$,证明 $\ln^2 b - \ln^2 a > \dfrac{4}{e^2}(b - a)$.

2. 设 $0 < a < b$,则 $\dfrac{2a}{a^2 + b^2} < \dfrac{\ln b - \ln a}{b - a} < \dfrac{1}{\sqrt{ab}}$.

3. 已知函数 $f(x) = x^3 - x^2 + x$ 满足:(1) 在闭区间 $[0,1]$ 连续;(2) 在开区间 $(0,1)$ 可导.求证:求开区间 $(0,1)$ 内一点 ξ,使得该点处导数值为 1.

（二）利用洛必达法则求极限

4. $\lim\limits_{x\to 1}\dfrac{x^3-3x+2}{x^3-x^2-x+1}$.

5. $\lim\limits_{x\to 0}\dfrac{x-\sin x}{x^3}$.

6. $\lim\limits_{x\to 0^+} x^x$.

7. $\lim\limits_{x\to +\infty}\dfrac{\dfrac{\pi}{2}-\arctan x}{\dfrac{1}{x}}$.

8. $\lim\limits_{x\to +0} x^3\ln x$.

9. $\lim\limits_{x\to +0}\dfrac{e^{2x}-1}{3x}$.

10. $\lim\limits_{x\to 0}\dfrac{\tan x-x}{x^2\sin x}$.

11. $\lim\limits_{x\to 0}\left(\dfrac{1}{\sin x}-\dfrac{1}{x}\right)$.

(三) 利用导数判断函数的单调性并求极值和最值

12. 求函数 $f(x)=2x^3-9x^2+12x-3$ 的单调区间和极值.

13. 求函数 $f(x)=\dfrac{1}{1+x^2}$ 的单调区间和极值.

14. 用边长为 48 cm 的正方形铁皮做一个无盖的铁盒时,在铁皮的四角各截去一个大小相同的正方形,然后将四边折起做成一个无盖的方盒,问截去的小正方形的边长为多少时,做成的铁盒容积最大?

15. 拖拉机的最高速度为每小时 75 公里,当每小时以 x 公里的速度行驶时,费用函数为 $C(x)=0.60\left(\dfrac{1600}{x}+x\right)$,试求拖拉机最经济的速度(定义域为 $[10,75]$).

16. 设某产品的总成本函数和收入函数分别为 $C(q)=3+2\sqrt{q}$，$R(q)=\dfrac{5q}{q+1}$，其中 q 为该产品的销售量，求该产品的边际成本、边际收入和边际利润.

17. 某商品的价格 P 与需求量 Q 的关系为 $P=10-\dfrac{Q}{5}$.

(1) 求当需求量为 20 及 30 时的总收益 R、平均收益 $\overline{R}$ 及边际收益 R'；

(2) Q 为多少时总收益最大.

18. 某厂生产 Q 单位（单位：件）产品的总成本为 C（单位：千元）是产量 Q 的函数 $C(Q)=100+12Q+Q^2$，如果每百件产品的销售价格为 5 万元，试写出利润函数及边际利润为零时的产量.

19. 设巧克力糖每周的需求量为 Q（单位：t）是价格 p（单位：元）的函数 $Q(p)=\dfrac{1\,000}{(2p+1)^2}$. 试求当 $p=10$ 元时，巧克力糖的边际需求量，并说明其经济意义.

20. 生产 x 台洗衣机的成本为 $C(x)=2\,000+100x-0.1x^2$.

(1) 试确定生产前 100 台洗衣机的平均成本；

(2) 试确定当 100 台洗衣机生产出来时的边际成本.

（四）利用导数判断函数的凹凸及拐点

21. 判断 $y = x\mathrm{e}^{-x}$ 的凹凸区间，并求拐点.

（五）函数的作图

22. 求曲线 $y = x^3$ 的凹凸区间及拐点，并画草图.

（六）利用公式求函数的曲率及曲率半径

23. 求曲线 $y = 4x - x^2$ 在顶点的曲率.

（七）近似计算

24. 求下列近似值：

(1) $\sqrt[3]{65}$；　　　　(2) $\cos 60.5°$；　　(3) $2^{2.002}$.

第五章 积 分

一、知识点梳理

1. 原函数的概念

(1) 原函数的定义

设函数 $f(x)$ 在某区间 I 上有定义,如果存在函数 $F(x)$,对于该区间上任一点 x,$F'(x) = f(x)$ 或者 $\mathrm{d}F(x) = f(x)\mathrm{d}x$,则称函数 $F(x)$ 是 $f(x)$ 在该区间上的一个原函数.

> ⧗ **注意**:若函数 $f(x)$ 存在原函数,则其原函数有无数多个,相互之间仅仅相差一个常数. 原函数的全体记作 $F(x) + C$.

(2) 原函数存在定理

定理 1 若 $f(x)$ 在 I 上连续,那么它在 I 上一定存在原函数.

2. 不定积分

(1) 不定积分的定义

若 $F(x)$ 是 $f(x)$ 在区间 I 上的一个原函数,则 $F(x) + C(C$ 为任意常数)称为 $f(x)$ 在该区间上的不定积分,记为 $\displaystyle\int f(x)\mathrm{d}x = F(x) + C$.

> ⧗ **注意**:求不定积分即求原函数的全体.

(2) 不定积分的性质

$\left[\displaystyle\int f(x)\mathrm{d}x\right]' = f(x)$,$\mathrm{d}\left[\displaystyle\int f(x)\mathrm{d}x\right] = f(x)\mathrm{d}x$. 口诀:先积后导(微),形式不变.

$\displaystyle\int f'(x)\mathrm{d}x = f(x) + C$,$\displaystyle\int \mathrm{d}f(x) = f(x) + C$. 口诀:先导(微)后积,差个常数.

(3) 不定积分的公式

$\displaystyle\int k\mathrm{d}x = kx + C$; $\displaystyle\int \frac{1}{x}\mathrm{d}x = \ln|x| + C$;

$\displaystyle\int x^a\mathrm{d}x = \frac{1}{a+1}x^{a+1} + C(a \neq -1)$; $\displaystyle\int a^x\mathrm{d}x = \frac{a^x}{\ln a} + C$;

$\displaystyle\int \mathrm{e}^x\mathrm{d}x = \mathrm{e}^x + C$; $\displaystyle\int \sin x\mathrm{d}x = -\cos x + C$;

$\displaystyle\int \cos x\mathrm{d}x = \sin x + C$; $\displaystyle\int \tan x\mathrm{d}x = \ln|\cos x| + C$;

$$\int \cot x \, dx = \ln | \sin x | + C; \qquad \int \sec x \, dx = \ln | \sec x + \tan x | + C;$$

$$\int \csc x \, dx = \ln | \csc x - \cot x | + C = -\ln | \csc x + \cot x | + C;$$

$$\int \sec^2 x \, dx = \tan x + C; \qquad \int \csc^2 x \, dx = -\cot x + C;$$

$$\int \sec x \tan x \, dx = \sec x + C; \qquad \int \csc x \cot x \, dx = -\csc x + C;$$

$$\int \frac{1}{\sqrt{1-x^2}} \, dx = \arcsin x + C = -\arccos x + C;$$

$$\int \frac{1}{1+x^2} \, dx = \arctan x + C = -\text{arccot} \, x + C;$$

$$\int \frac{1}{a^2+x^2} \, dx = \frac{1}{a} \arctan \frac{x}{a} + C (a > 0);$$

$$\int \frac{1}{\sqrt{a^2-x^2}} \, dx = \arcsin \frac{x}{a} + C (a > 0);$$

$$\int \frac{1}{x^2-a^2} \, dx = \frac{1}{2a} \ln \left| \frac{x-a}{x+a} \right| + C;$$

$$\int \frac{1}{a^2-x^2} \, dx = \frac{1}{2a} \ln \left| \frac{a+x}{a-x} \right| + C;$$

$$\int \frac{dx}{\sqrt{x^2 \pm a^2}} = \ln | x + \sqrt{x^2 \pm a^2} | + C.$$

3. 不定积分的计算

(1) 直接积分法:对被积函数进行初等变化(三角公式等),然后运用不定积分的基本公式积分.

(2) 换元积分法:

定理 2(第一类换元积分法) 若 $\int f(x) \, dx = F(x) + C$ 且 $u = \varphi(x)$ 为可微函数,则

$$\int f(\varphi(x)) \varphi'(x) \, dx = \int f(\varphi(x)) \, d(\varphi(x)) = F(\varphi(x)) + C.$$

技巧:从被积函数中选择一个函数凑成微分形式 $d(\varphi(x))$ 后,这时前面的被积函数要同时化成 $\varphi(x)$ 的函数或者其本身,实现前后一致.这时就可以直接应用不定积分的基本公式.常见的凑微分的公式要求熟练掌握,实际上这些公式就是将微分公式反过来,左右互换.被积函数是商时,一般要变成乘积,这样容易凑微分.

定理 3(第二类换元积分法)

(i) 简单根式代换(将无理式化成有理式)

(ii) 三角代换(将无理式化成有理式)

含有 $\sqrt{a^2-x^2}$ 时,令 $x = a\sin t (x = a\cos t)$;

含有 $\sqrt{a^2+x^2}$ 时,令 $x = a\tan t (x = a\cot t)$;

含有 $\sqrt{x^2-a^2}$ 时,令 $x = a\sec t (x = a\csc t)$.

(3) 分部积分法

分部公式：$\int u dv = uv - \int v du$（标准形式）.

适用对象：被积函数是两种或者两种以上不同类型的函数的乘积的形式.

技巧：① 首先要通过凑微分化成标准形式，然后应用公式.

② 含有幂函数时，一般不选择幂函数凑微分，因为幂函数凑微分后，形式上次数升高了，问题变得更复杂了. 例如幂函数与指数函数或者与三角函数相乘时，$\int x e^x dx$，$\int x \sin x dx$.

③ 当且仅当幂函数与反三角函数或者与对数函数相乘时，只能选择幂函数凑微分，$\int x \arctan x dx$，$\int x \ln x dx$.

④ 有时凑微分比较自由，如指数函数与三角函数相乘时，$\int e^x \sin x dx$，$\int e^x \cos x dx$.

总结口诀：反、对、幂、指、三（选取 u 的优先顺序）

4. 定积分

（1）定义：设函数 $f(x)$ 在 $[a,b]$ 上有界，用分点将 $[a,b]$ 任意分割成 n 个小区间：$[x_0,x_1],[x_1,x_2],\cdots,[x_{n-1},x_n]$，并用 $\Delta x_i = x_i - x_{i-1}(i=1,2,\cdots,n)$ 表示小区间的长度，任取一点 $\xi_i \in [x_{i-1},x_i]$，记 $\lambda = \max\{\Delta x_1,\Delta x_2,\cdots,\Delta x_n\}$. 如果当 $\lambda \to 0$ 时，极限 $\lim\limits_{\lambda \to 0}\sum\limits_{i=1}^{n} f(\xi_i)\Delta x_i$ 存在，则称 $f(x)$ 在区间 $[a,b]$ 上可积，并称此极限为 $f(x)$ 在 $[a,b]$ 上的定积分，记作 $\int_a^b f(x)dx$，即 $\int_a^b f(x)dx = \lim\limits_{\lambda \to 0}\sum\limits_{i=1}^{n} f(\xi_i)\Delta x_i$.

（2）几何意义：定积分表示由曲线 $y=f(x)$，直线 $x=a$，$x=b$ 以及 x 轴所围图形的各部分面积的代数和（代数和的意思是指：处于 x 轴上方的面积取正，处于 x 轴下方的面积取负，再作和）.

（3）性质：（假定以下积分均存在）

性质 1 $\int_a^b [f(x) \pm g(x)]dx = \int_a^b f(x)dx \pm \int_a^b g(x)dx$.

性质 2 $\int_a^b k f(x)dx = k\int_a^b f(x)dx$（其中 k 为常数）.

性质 3 $\int_a^b f(x)dx = \int_a^c f(x)dx + \int_c^b f(x)dx$ 称为定积分对积分区间具有可加性.

性质 4 设在区间 $[a,b]$ 上，$f(x) \geqslant 0$ 上，则 $\int_a^b f(x)dx \geqslant 0(a<b)$.

推论 1 如果在区间 $[a,b]$ 上，$f(x) \leqslant g(x)$，则 $\int_a^b f(x)dx \leqslant \int_a^b g(x)dx(a<b)$.

推论 2 $\left|\int_a^b f(x)dx\right| \leqslant \int_a^b |f(x)|dx(a<b)$.

性质 5 ① 如果 $f(x)$ 在 $[-a,a]$ 上是奇函数，那么 $\int_{-a}^a f(x)dx = 0$.

② 如果 $f(x)$ 在 $[-a,a]$ 上是偶函数，那么 $\int_{-a}^a f(x)dx = 2\int_0^a f(x)dx$.

性质 6　设函数 $f(x)$ 在区间 $[a,b]$ 上的最大值为 M，最小值为 m，则

$$m(b-a) \leqslant \int_a^b f(x)\mathrm{d}x \leqslant M(b-a)(a<b).$$

性质 7(积分中值定理)　如果函数 $f(x)$ 在闭区间 $[a,b]$ 上连续，则至少存在一点 $\xi \in [a,b]$，使得

$$\int_a^b f(x)\mathrm{d}x = f(\xi)(b-a)(a \leqslant \xi \leqslant b).$$

5. 定积分的计算

(1) 牛顿-莱布尼兹公式

定理 4　如果函数 $f(x)$ 在区间 $[a,b]$ 上连续，$F(x)$ 是 $f(x)$ 在区间 $[a,b]$ 上任一原函数，那么 $\displaystyle\int_a^b f(x)\mathrm{d}x = F(x)\Big|_a^b = F(b)-F(a)$.

(2) 换元积分法

定理 5　若函数 $f(x)$ 在区间 $[a,b]$ 上连续，函数 $x=\varphi(t)$ 在区间 $[\alpha,\beta]$ 上单值且有连续的导数 $\varphi'(x)$，当 t 在 $[\alpha,\beta]$（或者 $[\beta,\alpha]$）上变化时，$x=\varphi(t)$ 的值在 $[a,b]$ 上变化，且 $\varphi(\alpha)=a$，$\varphi(\beta)=b$（或者 $\varphi(\alpha)=b$，$\varphi(\beta)=a$），则 $\displaystyle\int_a^b f(x)\mathrm{d}x = \int_\alpha^\beta f[\varphi(t)]\varphi'(t)\mathrm{d}t$ 或 $\displaystyle\int_a^b f(x)\mathrm{d}x = \int_\beta^\alpha f[\varphi(t)]\varphi'(t)\mathrm{d}t$.

⏳ **注意:** 应用定积分的换元积分法时，换元必换限，上限对上限，下限对下限；只管对应关系，不管大小关系。

---

(3) 分部积分法

积分公式：$\displaystyle\int_a^b u\mathrm{d}v = uv\Big|_a^b - \int_a^b v\mathrm{d}u.$

选取 u 的优先顺序为：反、对、幂、指。

6. 广义积分

$$\int_a^{+\infty} f(x)\mathrm{d}x = \lim_{b\to+\infty}\int_a^b f(x)\mathrm{d}x.$$

$$\int_{-\infty}^b f(x)\mathrm{d}x = \lim_{a\to-\infty}\int_a^b f(x)\mathrm{d}x.$$

$$\int_{-\infty}^{+\infty} f(x)\mathrm{d}x = \int_{-\infty}^c f(x)\mathrm{d}x + \int_c^{+\infty} f(x)\mathrm{d}x = \lim_{a\to-\infty}\int_a^c f(x)\mathrm{d}x + \lim_{b\to+\infty}\int_c^b f(x)\mathrm{d}x.$$

当右端极限存在，则广义积分收敛；若极限不存在，则广义积分发散。

二、题型与解法

（一）原函数问题

【**解题方法**】 利用原函数的定义求解，即 $F'(x)=f(x)$.

例 5-1 已知 $f(x)$ 的一个原函数为 $\ln x$，求 $f'(x)$.

解： 由于 $F'(x)=f(x)$，即 $f(x)=(\ln x)'=\dfrac{1}{x}$，故 $f'(x)=\left(\dfrac{1}{x}\right)'=-\dfrac{1}{x^2}$.

例 5-2 已知 $f(x)$ 的导函数为 $\sin x$，求 $f(x)$ 的一个原函数.

解： 已知 $f'(x)=\sin x$，则 $f(x)=-\cos x$，所以 $F(x)=-\sin x$.

（二）利用不定积分性质求积分

【**解题方法**】 利用不定积分的性质，即 $\left[\displaystyle\int f(x)\mathrm{d}x\right]'=f(x)$，$\mathrm{d}\left[\displaystyle\int f(x)\mathrm{d}x\right]=f(x)\mathrm{d}x$，$\displaystyle\int f'(x)\mathrm{d}x=f(x)+C$，$\displaystyle\int \mathrm{d}f(x)=f(x)+C$.

例 5-3 $\left[\displaystyle\int f'(x)\mathrm{d}x\right]'=$ _____ .

解： $\left[\displaystyle\int f'(x)\mathrm{d}x\right]'=\left[f(x)+C\right]'=f'(x)$.

例 5-4 若 $f(x)$ 连续，求 $\dfrac{\mathrm{d}}{\mathrm{d}x}\displaystyle\int f(x)\mathrm{d}x$.

解： $\dfrac{\mathrm{d}}{\mathrm{d}x}\displaystyle\int f(x)\mathrm{d}x=\dfrac{\mathrm{d}}{\mathrm{d}x}\left[F(x)+C\right]=f(x)\mathrm{d}x$.

（三）不定积分的计算

1. 直接积分法

【**解题方法**】 （1）利用基本积分公式进行积分.

（2）利用初等函数变形再积分.

（3）灵活应用三角函数的公式变形后积分.

例 5-5 $\displaystyle\int (5x^4+x^3-7)\mathrm{d}x$.

解： 原式 $=\displaystyle\int 5x^4\mathrm{d}x+\int x^3\mathrm{d}x-\int 7\mathrm{d}x=x^5+\dfrac{1}{4}x^4-7x+C$.

例 5-6 求 $\displaystyle\int \dfrac{1+x^2+x^4}{1+x^2}\mathrm{d}x$.

解： 原式 $=\displaystyle\int \dfrac{1+x^2(1+x^2)}{1+x^2}\mathrm{d}x=\int \dfrac{1}{1+x^2}\mathrm{d}x+\int x^2\mathrm{d}x=\arctan x+\dfrac{1}{3}x^3+C$.

例 5 - 7　求 $\int \cot^2 x \mathrm{d}x$.

解：原式 $= \int (\csc^2 x - 1)\mathrm{d}x = -\cot x - x + C$.

2. 换元积分法

【**解题方法**】　(1) 利用凑微分公式直接凑微分，前后变量一致再积分；

(2) 利用三角函数变换来积分；

(3) 利用根式代换去根号后再积分.

例 5 - 8　求 $\int \dfrac{1}{3x+1}\mathrm{d}x$.

解：原式 $= \dfrac{1}{3}\int \dfrac{1}{3x+1}\mathrm{d}(3x+1) = \dfrac{1}{3}\ln|3x+1| + C$.

例 5 - 9　求 $\int 3x\mathrm{e}^{x^2}\mathrm{d}x$.

解：原式 $= \dfrac{3}{2}\int \mathrm{e}^{x^2}\mathrm{d}x^2 = \dfrac{3}{2}\mathrm{e}^{x^2} + C$.

例 5 - 10　求 $\int \dfrac{\mathrm{d}x}{9+x^2}$.

解：原式 $= \dfrac{1}{9}\int \dfrac{1}{1+\left(\dfrac{x}{3}\right)^2}\mathrm{d}x = \dfrac{1}{3}\int \dfrac{1}{1+\left(\dfrac{x}{3}\right)^2}\mathrm{d}\left(\dfrac{x}{3}\right) = \dfrac{1}{3}\arctan\dfrac{x}{3} + C$.

例 5 - 11　求 $\int \sqrt{1-x^2}\,\mathrm{d}x$.

解：令 $x = \sin t$，则 $\mathrm{d}x = \mathrm{d}\sin t = \cos t\mathrm{d}t$.

原式 $= \int \sqrt{1-\sin^2 t}\,\mathrm{d}\sin t = \int \cos t\cos t\mathrm{d}t = \int \dfrac{1+\cos 2t}{2}\mathrm{d}t = \dfrac{1}{2}t + \dfrac{1}{4}\sin 2t + C$,

即 $\int \sqrt{1-x^2}\,\mathrm{d}x = \dfrac{1}{2}\arcsin x + \dfrac{1}{4}\sin(2\arcsin x) + C$.

例 5 - 12　求 $\int \dfrac{\mathrm{d}x}{1+\sqrt{x}}$.

解：令 $\sqrt{x} = t$，即 $x = t^2 (t \geqslant 0)$，于是 $\mathrm{d}x = 2t\mathrm{d}t$，故有

$$\int \frac{\mathrm{d}x}{1+\sqrt{x}} = \int \frac{2t}{1+t}\mathrm{d}t = 2\int \left(1-\frac{1}{1+t}\right)\mathrm{d}t = 2\left(\int \mathrm{d}t - \int \frac{1}{1+t}\mathrm{d}t\right)$$
$$= 2[t - \ln|1+t|] + C.$$

回代 $t = \sqrt{x}$，最后得

$$\int \frac{\mathrm{d}x}{1+\sqrt{x}} = 2(\sqrt{x} - \ln|1+\sqrt{x}|) + C = 2[\sqrt{x} - \ln(1+\sqrt{x})] + C.$$

3. 分部积分法

【**解题方法**】　(1) 选取 u 的优先顺序：反、对、幂、指、三.

(2) 利用分部积分公式：$\int u\mathrm{d}v = uv - \int v\mathrm{d}u$.

例 5 - 13　求 $\int x\sin x\mathrm{d}x$.

解:取 $u=x,\mathrm{d}v=\sin x\mathrm{d}x=\mathrm{d}(-\cos x)$,则

$$原式 = \int x\mathrm{d}(-\cos x) = -x\cos x + \int\cos x\mathrm{d}x = -x\cos x + \sin x + C.$$

例 5 - 14　求 $\int x^2\ln x\mathrm{d}x.$

解:取 $u=\ln x,\mathrm{d}v=x^2\mathrm{d}x=\mathrm{d}\left(\dfrac{1}{3}x^3\right)$,则

$$原式 = \int\ln x\mathrm{d}\left(\frac{1}{3}x^3\right) = \frac{1}{3}x^3\ln x - \int\frac{1}{3}x^3\mathrm{d}\ln x = \frac{1}{3}x^3\ln x - \frac{1}{3}\int x^2\mathrm{d}x$$

$$= \frac{1}{3}x^3\ln x - \frac{1}{9}x^3 + C.$$

(四) 定积分的概念与性质

【解题方法】　(1) 利用定积分的概念.

(2) 利用定积分的性质:比较性质、奇偶性等.

例 5 - 15　填空:

(1) 比较大小:$\displaystyle\int_1^2 x^5\mathrm{d}x$ _____ $\displaystyle\int_1^2 x^6\mathrm{d}x$,$\displaystyle\int_0^1 x^3\mathrm{d}x$ _____ $\displaystyle\int_0^1 x^4\mathrm{d}x.$

(2) 已知 $f(x)$ 是定义在 $[-2,2]$ 上的偶函数,则 $\displaystyle\int_{-2}^2 xf(x)\mathrm{d}x =$ _____.

(3) $\displaystyle\int_1^1\sqrt{1-x^2}\,\mathrm{d}x =$ _____.

解:(1) 利用定积分的比较性质,可得 $\displaystyle\int_1^2 x^5\mathrm{d}x$ __<__ $\displaystyle\int_1^2 x^6\mathrm{d}x$,$\displaystyle\int_0^1 x^3\mathrm{d}x$ __>__ $\displaystyle\int_0^1 x^4\mathrm{d}x.$

(2) 因为 $f(x)$ 为偶函数,所以 $xf(x)$ 为奇函数,故 $\displaystyle\int_{-2}^2 xf(x)\mathrm{d}x =$ __0__.

(3) 利用定积分的概念可得 $\displaystyle\int_1^1\sqrt{1-x^2}\,\mathrm{d}x =$ __0__.

(五) 定积分的计算

1. 牛顿-莱布尼兹公式

【解题方法】　利用牛顿-莱布尼兹公式:$\displaystyle\int_a^b f(x)\mathrm{d}x = F(x)\Big|_a^b = F(b)-F(a).$

例 5 - 16　求 $\displaystyle\int_0^1 (x^3+x-4)\mathrm{d}x.$

解:原式 $= \dfrac{1}{4}x^4\Big|_0^1 + \dfrac{1}{2}x^2\Big|_0^1 - 4x\Big|_0^1 = \dfrac{1}{4} + \dfrac{1}{2} - 4 = -\dfrac{13}{4}.$

例 5 - 17　求 $\displaystyle\int_0^1 10^x\mathrm{d}x.$

解:原式 $= \dfrac{10^x}{\ln 10}\Big|_0^1 = \dfrac{10\ln 10 - \ln 10}{?}$原式 $=10^x\ln 10\Big|_0^1 = 10\ln 10 - \ln 10 = 9\ln 10.$

2. 换元积分法

【**解题方法**】 换元必换限,上限对上限,下限对下限;只管对应关系,不管大小关系.

例 5 - 18 求 $\int_1^e \dfrac{\ln^2 x}{x}dx$.

解: 令 $u = \ln x$,则 $du = d\ln x = \dfrac{1}{x}dx$.

当 $x = 1$ 时,$u = 0$;当 $x = e$ 时,$u = 1$,因此,得

$$\int_1^e \frac{\ln^2 x}{x}dx = \int_0^1 u^2 du = \frac{1}{3}u^3 \Big|_0^1 = \frac{1}{3}.$$

例 5 - 19 求 $\int_0^4 \dfrac{x+3}{\sqrt{2x+1}}dx$.

解: 令 $t = \sqrt{2x+1}$,则 $x = \dfrac{t^2-1}{2}$,所以 $dx = tdt$.

当 $x = 0$ 时,$t = 1$;当 $x = 4$ 时,$t = 3$,因此得

$$\int_0^4 \frac{x+3}{\sqrt{2x+1}}dx = \int_1^3 \frac{\dfrac{t^2-1}{2}+3}{t}tdt = \int_1^3 \frac{t^2+5}{2}dt = \frac{1}{6}t^3\Big|_1^3 + \frac{5}{2}t\Big|_1^3 = \frac{23}{2}.$$

3. 分部积分法

【**解题方法**】 分部积分公式:$\int_a^b udv = uv\Big|_a^b - \int_a^b vdu$.

例 5 - 20 求 $\int_1^e x\ln xdx$.

解: 取 $u = \ln x$,$dv = xdx = d\left(\dfrac{1}{2}x^2\right)$,则

$$原式 = \int_1^e \ln xd\left(\frac{1}{2}x^2\right) = \frac{1}{2}x^2\ln x\Big|_1^e - \int_1^e \frac{1}{2}x^2 d\ln x = \frac{1}{2}x^2\ln x\Big|_1^e - \frac{1}{2}\int_1^e xdx$$

$$= \frac{1}{2}e^2 - \frac{1}{4}e^2 + \frac{1}{4} = \frac{1}{4}e^2 + \frac{1}{4}.$$

4. 其他

例 5 - 21 $\int_{-2}^1 |x+1|dx$.

【**解题方法**】 利用定积分的区间分割性质去绝对值.

解: $\int_{-2}^1 |x+1|dx = \int_{-2}^{-1}(-x-1)dx + \int_{-1}^1(x+1)dx$

$$= -\frac{1}{2}x^2\Big|_{-2}^{-1} - x\Big|_{-2}^{-1} + \frac{1}{2}x^2\Big|_{-1}^1 + x\Big|_{-1}^1 = \frac{5}{2}.$$

(六) 广义积分

【**解题方法**】 利用广义积分的定义.

例 5 - 22 $\int_1^{+\infty} \dfrac{1}{1+x^2}dx$.

解: $\displaystyle\int_1^{+\infty}\frac{1}{1+x^2}\mathrm{d}x=\lim_{b\to+\infty}\int_1^b\frac{1}{1+x^2}\mathrm{d}x=\lim_{b\to+\infty}\left[\arctan x\right]_1^b=\lim_{b\to+\infty}\arctan b-\arctan 1=\frac{\pi}{2}$

$-\dfrac{\pi}{4}=\dfrac{\pi}{4}.$

三、能力训练

(一) 原函数与不定积分的概念

1. 已知 $F(x)=\ln(3x+1)$ 是 $f(x)$ 的一个原函数,则 $\displaystyle\int f'(2x+1)\mathrm{d}x=$ _____.

2. 已知 $\displaystyle\int f(x)\mathrm{d}x=\mathrm{e}^{2x}+C$, 则 $\displaystyle\int f'(-x)\mathrm{d}x=$ _____.

3. 已知 $\displaystyle\int f(x)\mathrm{d}x=x^2\mathrm{e}^{2x}+C$, 则 $f(x)=$ _____.

4. $\displaystyle\int\frac{1}{x}\mathrm{d}\left(\frac{1}{x}\right)=$ _____.

5. $f(x)$ 的一个原函数为 e^{x^2}, 则 $\displaystyle\int f(x)\mathrm{d}x=$ _____.

(二) 不定积分的计算

6. 计算下列不定积分:

(1) $\displaystyle\int(3-\sqrt{x})x^2\mathrm{d}x$;

(2) $\displaystyle\int\frac{4-3x}{x^5}\mathrm{d}x$;

(3) $\displaystyle\int\frac{\ln x}{x}\mathrm{d}x$;

(4) $\displaystyle\int\frac{2x+1}{x^2+x-12}\mathrm{d}x$;

(5) $\int \sin x \cos x \mathrm{d}x$；

(6) $\int (2x^2 - 1)^{10} x \mathrm{d}x$；

(7) $\int \dfrac{x^2}{\sqrt{9-x^2}} \mathrm{d}x$；

(8) $\int \sin^2 \dfrac{x}{2} \mathrm{d}x$；

(9) $\int \dfrac{1}{\sqrt{1+\mathrm{e}^x}} \mathrm{d}x$；

(10) $\int \dfrac{1}{1+\sqrt[3]{x}} \mathrm{d}x$；

(11) $\int \dfrac{x}{\sqrt{x^2-2}} \mathrm{d}x$；

(12) $\int \dfrac{1}{1+\mathrm{e}^x} \mathrm{d}x$；

(13) $\int x\mathrm{e}^{-x} \mathrm{d}x$；

(14) $\int x \arctan x \mathrm{d}x$.

(三) 定积分的概念与性质

7. 若 $\int_2^k 3x^2 \mathrm{d}x = 19$，则 $k =$ _____．

8. $\int_{-1}^1 \dfrac{x\tan^2 x}{1+x^2}\mathrm{d}x =$ _____，$\int_{-1}^1 x^2(\sqrt[3]{x} + \sin x)\mathrm{d}x =$ _____．

9. 如果奇函数 $y = f(x)$ 和偶函数 $y = g(x)$ 在区间 $[-a, a]$ 上都可积，且 $\int_0^a g(x)\mathrm{d}x = -2$，计算下列定积分：

(1) $\int_{-a}^a [8f(x) + 3g(x)]\mathrm{d}x$；   (2) $\int_{-a}^a [2f(x) - 9g(x)]\mathrm{d}x$．

10. 比较下列定积分的大小关系．

(1) $\int_0^1 x^3 \mathrm{d}x$ 与 $\int_0^1 x^4 \mathrm{d}x$；   (2) $\int_2^1 x^2 \mathrm{d}x$ 与 $\int_2^1 x^3 \mathrm{d}x$；

(3) $\int_1^1 x^2 \mathrm{d}x$ 与 $\int_1^1 x^3 \mathrm{d}x$；   (4) $\int_0^{\frac{\pi}{4}} \sin x \mathrm{d}x$ 与 $\int_0^{\frac{\pi}{4}} \cos x \mathrm{d}x$．

(四) 定积分的计算

11. 计算下列定积分．

(1) $\int_0^2 \sqrt{x}\,\mathrm{d}x$；   (2) $\int_0^1 5^x \mathrm{d}x$；

(3) $\int_0^1 e^{2x} dx$；

(4) $\int_0^1 \dfrac{x}{(1+x^2)^2} dx$；

(5) $\int_{-1}^1 (x-1)^3 dx$；

(6) $\int_0^5 |2x-4| dx$；

(7) $\int_0^3 \dfrac{x}{\sqrt{x+1}} dx$；

(8) $\int_{\frac{1}{2}}^1 \dfrac{1}{x^2} e^{\frac{1}{x}} dx$；

(9) $\int_1^e \dfrac{\ln^2 x}{x} dx$；

(10) $\int_0^1 \dfrac{e^x}{1+e^x} dx$；

(11) $\int_1^e x^2 \ln x dx$；

(12) $\int_0^{\frac{\pi}{2}} x\cos x dx$；

(13) $\displaystyle\int_0^1 \arccos x \, \mathrm{d}x$;

(14) $\displaystyle\int_{-\pi}^{\pi} (x + \sin^3 x)\cos x \, \mathrm{d}x$.

(五) 广义积分

12. 计算下列广义积分.

(1) $\displaystyle\int_{-\infty}^{+\infty} \frac{1}{1+x^2} \mathrm{d}x$;

(2) $\displaystyle\int_1^{+\infty} \frac{1}{x^4} \mathrm{d}x$;

(3) $\displaystyle\int_{\frac{1}{e}}^{+\infty} \frac{\ln x}{x} \mathrm{d}x$;

(4) $\displaystyle\int_{\frac{2}{\pi}}^{+\infty} \frac{1}{x^2} \sin\frac{1}{x} \mathrm{d}x$;

(5) $\displaystyle\int_0^{+\infty} \mathrm{e}^{-x} \mathrm{d}x$;

(6) $\displaystyle\int_0^{+\infty} \frac{1}{1+x^2} \mathrm{d}x$;

(7) $\displaystyle\int_{-\infty}^0 \frac{2x}{x^2+1} \mathrm{d}x$;

(8) $\displaystyle\int_{-\infty}^{+\infty} x\mathrm{e}^{-\frac{x^2}{2}} \mathrm{d}x$.

第六章 积分的应用

一、知识点梳理

1. 微元法

(1) 用定积分来计算的待求量 $\Delta A = f(x)\Delta x + \varepsilon \Delta x$ 有两个特点：一是对区间的可加性，这一特点是容易看出的；关键在于另一特点，即找任一部分量的表达式：

$$\Delta A = f(x)\Delta x + \varepsilon \Delta x, \qquad\qquad (1)$$

然而，人们往往根据问题的几何或物理特征，自然地将注意力集中于找 $f(x)\Delta x$ 这一项. 但不要忘记，这一项与 $\Delta x \to 0$ 之差在 $\Delta x \to 0$ 时，应是比 Δx 高阶的无穷小量（即舍弃的部分更微小），借用微分的记号，将这一项记为

$$dA = f(x)dx, \qquad\qquad (2)$$

这个量 dA 称为待求量 $f(x)$ 的元素或微元.

(2) 微元法解题步骤：

第一步 取 dx，并确定它的变化区间 $[a,b]$.

第二步 设想把 $[a,b]$ 分成许多个小区间，取其中任一个小区间 $[x, x+dx]$，相应于这个小区间的部分量 ΔA 能近似地表示为 $f(x)$ 与 dx 的乘积，就把 $f(x)dx$ 称为量 A 的微元并记作 dA，即

$$\Delta A \approx dA = f(x)dx.$$

第三步 在区间 $[a,b]$ 上积分，得到 $A = \int_a^b f(x)dx = F(b) - F(a)$.

(3) 微元法使用条件：

① A 是与一个变量的变化区间 $[a,b]$ 有关的量；

② A 对于区间 $[a,b]$ 具有可加性；

③ 局部量 ΔA_i 的近似值可表示为 $f(\xi_i)\Delta x_i$，这里 $f(x)$ 是实际问题选择的函数.

2. 平面图形的面积

(1) X-型：由两条连续曲线 $y = f(x)$，$y = g(x)$ 及直线 $x = a, x = b$ 所围成的平面图形的面积为：

$$A = \int_a^b | f(x) - g(x) | \, dx.$$

特别地，当 $g(x) = 0$ 时，$A = \int_a^b | f(x) | \, dx$.

(2) Y-型：由两条连续曲线 $x = \varphi(y)$，$x = \psi(y)$ 与直线 $y = c, y = d$ 以及 y 轴所围成的平面图形的面积为：

$$A = \int_c^d |\varphi(y) - \psi(y)| \, \mathrm{d}y.$$

特别地,当 $\psi(y) = 0$ 时,$A = \int_c^d |\varphi(y)| \, \mathrm{d}y.$

3. 旋转体的体积

(1) 由曲线 $y = f(x), y = g(x), x = a, x = b$ 所围成的图形绕 x 轴旋转而形成的旋转体体积为

$$V_x = \pi \int_a^b [f^2(x) - g^2(x)] \, \mathrm{d}x;$$

(2) 由曲线 $x = h(y), x = l(y), y = c, y = d$ 所围成的图形绕 y 轴旋转而形成的旋转体体积为

$$V_y = \pi \int_c^d [h^2(y) - l^2(y)] \, \mathrm{d}y.$$

4. 平面曲线的弧长

(1) $y = f(x)$ 情形

设曲线弧由直角坐标方程 $y = f(x)(a \leqslant x \leqslant b)$ 给出,其中 $f(x)$ 在 $[a, b]$ 上具有一阶连续导数,则曲线段弧 $y = f(x)(a \leqslant x \leqslant b)$ 的长度为

$$s = \int_a^b \sqrt{1 + y'^2} \, \mathrm{d}x.$$

(2) 参数方程情形

设曲线弧由参数方程 $\begin{cases} x = \varphi(t) \\ y = \psi(t) \end{cases}, \alpha \leqslant t \leqslant \beta$ 给出,其中 $\varphi(t), \psi(t)$ 在 $[\alpha, \beta]$ 上具有一阶连续导数,则曲线段弧 $x = \varphi(t), y = \psi(t)(\alpha \leqslant t \leqslant \beta)$ 的长度为

$$s = \int_\alpha^\beta \sqrt{\varphi'^2(t) + \psi'^2(t)} \, \mathrm{d}t.$$

5. 变力做功问题

设一物体在力 $F(x)$ 的作用下,沿着力的方向做直线运动,从 $x = a$ 移动到 $x = b$,则 $F(x)$ 在 $[a, b]$ 上对物体所做的功为

$$W = \int_a^b F(x) \, \mathrm{d}x.$$

6. 液体压力问题

与液面垂直放置的薄片(如闸门、阀门等)一侧所受的压力计算公式为

$$P = \int_a^b \rho x f(x) \, \mathrm{d}x,$$

其中 ρ 为液体的比重,$f(x)$ 为薄片曲边的函数式.

7. 连续函数的均值

连续函数 $y = f(x)$ 在区间 $[a, b]$ 上的平均值等于 $f(x)$ 在 $[a, b]$ 上的定积分除以区间长度 $b - a$,即

$$\overline{y} = \frac{1}{b-a} \int_a^b f(x) \, \mathrm{d}x.$$

二、题型与解法

(一) 平面图形的面积

【解题方法】 利用微元法求面积,X-型面积公式为 $A = \int_a^b \mid f(x) - g(x) \mid \mathrm{d}x$,

Y-型面积公式为 $A = \int_c^d \mid \varphi(y) - \psi(y) \mid \mathrm{d}y$.

例 6-1 求由 $y = x^3, y = x$ 所围成的图形的面积.

解法一:通过 X-型区域求解 $x \in [0,1]$,所以面积微元 $\mathrm{d}A = (x - x^3)\mathrm{d}x$,于是所求面积

$$A = \int_0^1 (x - x^3)\mathrm{d}x = \frac{1}{4}.$$

解法二:通过 Y-型区域求解 $y \in [0,1]$,所以面积微元 $\mathrm{d}A = (\sqrt[3]{y} - y)\mathrm{d}y$,于是所求面积

$$A = \int_0^1 (\sqrt[3]{y} - y)\mathrm{d}x = \frac{1}{4}.$$

(二) 旋转体的体积

【解题方法】 绕 x 轴旋转体积公式为 $V_x = \pi \int_a^b [f^2(x) - g^2(x)]\mathrm{d}x$,

绕 y 轴旋转体积公式为 $V_y = \pi \int_c^d [h^2(y) - l^2(y)]\mathrm{d}y$.

例 6-2 求由曲线 $y = x^2$ 和 $y = x$ 所围的平面图形绕 x 轴旋转一周的旋转体体积.
解:两函数的交点为 $(0,0),(1,1)$,

$$V_x = \pi \int_0^1 [x^2 - x^4]\mathrm{d}x = \pi\left(\frac{1}{3}x^3 - \frac{1}{5}x^5\right)\Big|_0^1 = \frac{2}{15}\pi.$$

例 6-3 求由曲线 $y = x^2$ 和 $x = y^2$ 所围的平面图形绕 y 轴旋转一周的旋转体体积.
解:两函数的交点为 $(0,0),(1,1)$,

$$V_y = \pi \int_0^1 [(\sqrt{y})^2 - (y^2)^2]\mathrm{d}x = \pi\left(\frac{1}{2}y^2 - \frac{1}{5}y^5\right)\Big|_0^1 = \frac{3}{10}\pi.$$

(三) 平面曲线的弧长

【解题方法】 当 $y = f(x)(a \leqslant x \leqslant b)$ 时,弧长公式为 $s = \int_a^b \sqrt{1 + y'^2}\,\mathrm{d}x$.

当 $\begin{cases} x = \varphi(t) \\ y = \psi(t) \end{cases}, \alpha \leqslant t \leqslant \beta$ 时,弧长公式为 $s = \int_\alpha^\beta \sqrt{\varphi'^2(t) + \psi'^2(t)}\,\mathrm{d}t$.

例 6-4 求曲线 $y = \frac{1}{4}x^2 - \frac{1}{2}\ln x (1 \leqslant x \leqslant \mathrm{e})$ 的弧长.

解: 由 $y' = \dfrac{1}{2}x - \dfrac{1}{2x} = \dfrac{1}{2}\left(x - \dfrac{1}{x}\right)$ 得

$$\mathrm{d}s = \sqrt{1+y'^2}\,\mathrm{d}x = \sqrt{1 + \dfrac{1}{4}\left(x - \dfrac{1}{x}\right)^2}\,\mathrm{d}x = \dfrac{1}{2}\left(x + \dfrac{1}{x}\right)\mathrm{d}x.$$

于是所求弧长为

$$s = \int_1^{\mathrm{e}} \sqrt{1+y'^2}\,\mathrm{d}x = \int_1^{\mathrm{e}} \dfrac{1}{2}\left(x + \dfrac{1}{x}\right)\mathrm{d}x = \dfrac{1}{2}\left[\dfrac{1}{2}x^2 + \ln x\right]\Big|_1^{\mathrm{e}} = \dfrac{1}{4}(\mathrm{e}^2 + 1).$$

(四) 变力做功问题

【解题方法】 $F(x)$ 在 $[a,b]$ 上对物体所做的功为 $W = \displaystyle\int_a^b F(x)\,\mathrm{d}x$.

例 6-5 已知用 1 N 的力能使某弹簧拉长 2 cm,求把弹簧拉长 10 cm 拉力所做的功.

解: 取弹簧的平衡点作为原点建立坐标系.

由胡克定律知道,在弹性限度内拉长弹簧所需的力 F 与拉长 x 的长度成正比,即 $F = kx$,其中 k 为比例常数.

当 $x = 2\,\mathrm{cm} = 0.02\,\mathrm{m}$ 时,力 $F = 1\,\mathrm{N}$,于是得 $k = 50\,\mathrm{N/m}$,即

$$F = 50x.$$

于是拉力使弹簧拉长 5 cm = 0.05 m 所做的功为:

$$W = \int_0^{0.1} 50x\,\mathrm{d}x = (25x^2)\Big|_0^{0.1} = 0.25\,\mathrm{J}.$$

(五) 液体压力问题

【解题方法】 液体压力公式 $P = \displaystyle\int_a^b \rho x f(x)\,\mathrm{d}x$ (ρ 为液体的比重).

例 6-6 有一水平放置的水管,其断面是直径为 6 米的圆,求当水半满时,水平一端的竖立闸门上所受的压力.

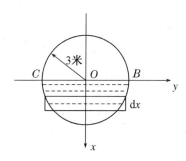

解: 建立如图所示的坐标系,则圆的方程为 $x^2 + y^2 = 9$.

(1) 取积分变量为 x,积分区间为 $[0,3]$.

(2) 在 $[0,3]$ 上任取一小区间 $[x, x+\mathrm{d}x]$.

由于 $\rho = 9.8 \times 10^3$, $\mathrm{d}A = 2\sqrt{9-x^2}\,\mathrm{d}x$, $h = x$.

所以压力元素为

$$dP = 2 \times 9.8 \times 10^3 x \sqrt{9-x^2} \, dx.$$

（3）所求水压力为

$$P = \int_0^3 19.6 \times 10^3 x \sqrt{9-x^2} \, dx$$

$$= 19.6 \times 10^3 \int_0^3 \left(-\frac{1}{2}\right) \sqrt{9-x^2} \, d(9-x^2)$$

$$= -9.8 \times 10^3 \times \frac{2}{3} \left[(9-x^2)^{\frac{3}{2}}\right]_0^3$$

$$= -9.8 \times 10^3 \times \frac{2}{3} \times (-27) \approx 1.76 \times 10^5 (\text{N}).$$

（六）连续函数均值问题

【**解题方法**】 $y = f(x)$ 在区间 $[a, b]$ 上的平均值为 $\overline{y} = \frac{1}{b-a}\int_a^b f(x) \, dx.$

例 6 - 7 求函数 $y = \sin x$ 在 $[2, 3]$ 上的平均值.

解: $\overline{y} = \frac{1}{3-2}\int_2^3 \sin x \, dx = [-\cos x]_2^3 = (\cos 2 - \cos 3) \approx 0.573.$

三、能力训练

（一）平面图形的面积

1. 求由 $y = e^x, x = 2, x = 4, y = 0$ 所围成的图形的面积.

2. 求由 $y = x^2, x = y^2$ 所围成的图形的面积.

3. 求由 $y=x^2, y=1, x=0$ 所围成的图形的面积.

4. 求由 $y^2=2x, x-y=4$ 所围成的图形的面积.

（二）旋转体的体积

5. 求由 $y=x^2-4$ 和 $y=0$ 所围图形绕 x 轴旋转一周所得旋转体的体积.

6. 求由 $y^2=x$ 和 $x^2=y$ 所围图形绕 y 轴旋转一周所得旋转体的体积.

7. 求 $y=x^3, y=0, x=2$ 所围图形分别绕 x 轴、y 轴所得旋转体的体积.

8. 设 D 由曲线 $y = \sqrt{x}$ 与其过点 $(-1,0)$ 的切线及 x 轴围成，求 D 绕 x 轴旋转一周所成旋转体的体积.

（三）平面曲线的弧长

9. 求下列各曲线上指定两点间的曲线弧的长度：

（1）$y^2 = 2px$ 上自 $(0,0)$ 至 $\left(\dfrac{p}{2}, p \right)$;

（2）$y = \ln(1-x^2)$ 上自 $(0,0)$ 至 $\left(\dfrac{1}{2}, \ln \dfrac{3}{4} \right)$.

10. 求抛物线 $y = \dfrac{x^2}{2}$ 对应 $0 \leqslant x \leqslant 1$ 的一段弧长（$0 \leqslant x \leqslant 1$）.

11. 求曲线 $y = \dfrac{2}{3} x^{\frac{3}{2}}$ 上相应于 x 从 0 到 3 的一段弧长.

12. 两根电线杆之间的电线,由于自身重量而下垂成曲线,这一曲线称为悬链线. 已知悬链线方程为 $y=\dfrac{a}{2}\left(e^{\frac{x}{a}}+e^{-\frac{x}{a}}\right)(a>0)$,求从 $x=-a$ 到 $x=a$ 这一段的弧长.

(四) 变力做功问题

13. 弹簧原长 0.30 米,每压缩 0.01 米需力 2 牛顿,求把弹簧从 0.25 米压缩到 0.20 米所做的功(如图).

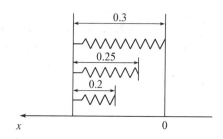

14. 已知弹簧每拉长 0.02 m 要用 9.8 N 的力,求把弹簧拉长 0.1 m 所做的功.

15. 一物体在力 $F(x)=3x+4$(单位为 N)的作用下,沿与力 F 相同的方向,从 $x=0$ 处运动到 $x=4$ 处(单位 cm),求力 F 所做的功.

(五) 液体压力问题

16. 有一矩形闸门(如图),求当水面超过门顶 1 米时,闸门上所受的压力.

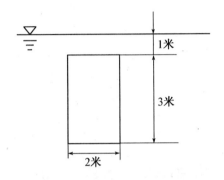

17. 水池的一壁为矩形,长为 60 米,高为 5 米,水池中装满了水,在水池壁上画一条水平直线把此壁分成上下两部分,使此两部分所受的压力相等,求水平直线离水面的距离.

(六) 连续函数的均值

18. 求函数 $f(x)=10+2\sin x+3\cos x$ 在区间 $[0,2\pi]$ 上的平均值.

19. 求函数 $f(x)=\sin x$ 在 $[0,\pi]$ 上的平均值.

(七) 经济问题

20. 若一企业生产某种产品的边际成本是产量 q 的函数 $C'(q) = 2e^{0.2q}$, 固定成本 $C_0 = 90$, 求总成本函数.

21. 某产品生产 q 个单位时总收入的变化率为 $R'(q) = 200 - \dfrac{q}{100}$, 求:

(1) 生产 50 个单位时的总收入;

(2) 在生产 100 个单位的基础上, 再生产 100 个单位时总收入的增量.

22. 已知某商品每周生产 q 个单位时, 总成本变化率为 $C'(q) = 0.4q - 12$ (元/单位), 固定成本 500, 求成本 $C(q)$. 如果这种商品的销售单价是 20 元, 求总利润 $L(q)$, 并问每周生产多少单位时才能获得最大利润?

第七章 向量代数与空间解析几何

一、知识点梳理

1. 空间直角坐标系

(1) 空间直角坐标系中 O 为坐标原点

三个坐标轴分别为 x 轴,y 轴和 z 轴,它们两两相互垂直,且三个坐标轴的正方向满足右手法则;

xOy 面,yOz 面和 xOz 面为空间直角坐标系的三个坐标面;

三个坐标面分割整个空间为八个部分,每一部分叫作一个卦限,依次为第 Ⅰ、第 Ⅱ、第 Ⅲ、第 Ⅳ,第 Ⅴ、第 Ⅵ、第 Ⅶ、第 Ⅷ卦限.

(2) 空间点的直角坐标

点记为 $P(x,y,z)$,其中数 x 称为点 P 的横坐标,数 y 称为点 P 的纵坐标,数 z 称为点 P 的竖坐标.

(3) 空间上点 $P(x,y,z)$ 的对称点

关于原点的对称点为 $P_0(-x,-y,-z)$; 关于 x 轴的对称点为 $P_1(x,-y,-z)$;

关于 y 轴的对称点为 $P_2(-x,y,-z)$; 关于 z 轴的对称点为 $P_3(-x,-y,z)$;

关于 xOy 面的对称点为 $P_4(x,y,-z)$; 关于 yOz 面的对称点为 $P_5(-x,y,z)$;

关于 zOx 面的对称点为 $P_6(x,-y,z)$.

(4) 空间两点 $P_1(x_1,y_1,z_1)$ 和 $P_2(x_2,y_2,z_2)$ 之间的距离

$$|P_1P_2| = \sqrt{(x_2-x_1)^2+(y_2-y_1)^2+(z_2-z_1)^2}$$

(5) 点 $P(x,y,z)$ 到坐标轴和坐标面的距离

$P(x,y,z)$	x 轴	距离为 $d=\sqrt{y^2+z^2}$
	y 轴	距离为 $d=\sqrt{x^2+z^2}$
	z 轴	距离为 $d=\sqrt{y^2+x^2}$
	xOy 面	距离为 $d=|z|$
	xOz 轴	距离为 $d=|y|$
	yOz 轴	距离为 $d=|x|$

2. 向量

（1）向量的概念

既有大小，又有方向的量叫作向量．以 A 为起点和 B 为终点的向量，记为 $\overrightarrow{AB}$．向量还可以用一个粗体字母或者用一个上面加有小箭头的字母来表示．它的大小就叫作向量的模，记为 $|\overrightarrow{AB}|$．

（2）单位向量

模等于 1 的向量叫作单位向量．

（3）零向量

模等于零的向量为零向量，零向量记为 $\boldsymbol{O}$ 或 $\boldsymbol{0}$，零向量的方向可以看作是任意的．

（4）基本单位向量

$\vec{i},\vec{j},\vec{k}$ 或 $\boldsymbol{i},\boldsymbol{j},\boldsymbol{k}$ 分别表示沿 x 轴、y 轴和 z 轴正向的单位向量，其坐标分别为 $\boldsymbol{i}=\{1,0,0\},\boldsymbol{j}=\{0,1,0\},\boldsymbol{k}=\{0,0,1\}$，我们称为基本单位向量．

（5）向量的表示

起点 $M_1(x_1,y_1,z_1)$，终点为 $M_2(x_2,y_2,z_2)$．

向量 $\overrightarrow{M_1M_2}$ 的坐标表示：$\overrightarrow{M_1M_2}=\{x_2-x_1,y_2-y_1,z_2-z_1\}$．

向量 $\overrightarrow{M_1M_2}$ 按基本单位向量的分解式：$\overrightarrow{M_1M_2}=(x_2-x_1)\boldsymbol{i}+(y_2-y_1)\boldsymbol{j}+(z_2-z_1)\boldsymbol{k}$．

（6）向量的方向角与方向余弦

向量 $\overrightarrow{M_1M_2}$ 与 x 轴，y 轴和 z 轴的正方向分别有夹角为 $\alpha,\beta,\gamma(0\leqslant\alpha,\beta,\gamma\leqslant\pi)$，$\alpha,\beta,\gamma$ 叫作向量 $\overrightarrow{M_1M_2}$ 的方向角，称 $\cos\alpha,\cos\beta,\cos\gamma$ 为方向余弦．

$$\begin{cases}\cos\alpha=\dfrac{x}{|\overrightarrow{M_1M_2}|}=\dfrac{x}{\sqrt{x^2+y^2+z^2}}\\[2mm]\cos\beta=\dfrac{y}{|\overrightarrow{M_1M_2}|}=\dfrac{y}{\sqrt{x^2+y^2+z^2}}\\[2mm]\cos\gamma=\dfrac{z}{|\overrightarrow{M_1M_2}|}=\dfrac{z}{\sqrt{x^2+y^2+z^2}}\end{cases}$$

3. 向量的运算

设向量 $\boldsymbol{\alpha}=\{x_1,y_1,z_1\}$ 和向量 $\boldsymbol{\beta}=\{x_2,y_2,z_2\}$．

（1）向量的加减与数乘运算

$\boldsymbol{\alpha}+\boldsymbol{\beta}=\{x_1+x_2,y_1+y_2,z_1+z_2\}$；

$\boldsymbol{\alpha}-\boldsymbol{\beta}=\{x_1-x_2,y_1-y_2,z_1-z_2\}$；

$\lambda\boldsymbol{\alpha}=\{\lambda x_1,\lambda y_1,\lambda z_1\}$．

（2）向量数量积

定义：设向量 $\boldsymbol{\alpha}=\{x_1,y_1,z_1\}$ 和向量 $\boldsymbol{\beta}=\{x_2,y_2,z_2\}$，则这两个向量的数量积我们记为 $\boldsymbol{\alpha}\cdot\boldsymbol{\beta}$，则有 $\boldsymbol{\alpha}\cdot\boldsymbol{\beta}=|\boldsymbol{\alpha}||\boldsymbol{\beta}|\cos(\widehat{\boldsymbol{\alpha},\boldsymbol{\beta}})$，其中 $(\widehat{\boldsymbol{\alpha},\boldsymbol{\beta}})$ 表示向量 $\boldsymbol{\alpha}$ 和 $\boldsymbol{\beta}$ 的夹角．

数量积的坐标表示形式：$\boxed{\boldsymbol{\alpha}\cdot\boldsymbol{\beta}=x_1x_2+y_1y_2+z_1z_2}$

常用性质：$\boldsymbol{\alpha}\cdot\boldsymbol{\alpha}=|\boldsymbol{\alpha}|^2$；$\boldsymbol{\alpha}\cdot\boldsymbol{\beta}=\boldsymbol{\beta}\cdot\boldsymbol{\alpha}$；$\boldsymbol{\alpha}\cdot\boldsymbol{\beta}=0\Leftrightarrow\boldsymbol{\alpha}\perp\boldsymbol{\beta}$．

(3) 向量的向量积

定义:设向量 $\boldsymbol{\alpha}=\{x_1,y_1,z_1\}$ 和向量 $\boldsymbol{\beta}=\{x_2,y_2,z_2\}$,这两个向量的向量积记为 $\boldsymbol{\alpha}\times\boldsymbol{\beta}$,$\boldsymbol{\alpha}\times\boldsymbol{\beta}$ 同时垂直 $\boldsymbol{\alpha}$,$\boldsymbol{\beta}$,且满足右手法则,其中 $|\boldsymbol{\alpha}\times\boldsymbol{\beta}|=|\boldsymbol{\alpha}||\boldsymbol{\beta}|\sin(\widehat{\boldsymbol{\alpha},\boldsymbol{\beta}})$,$0\leqslant(\widehat{\boldsymbol{\alpha},\boldsymbol{\beta}})\leqslant\pi$.

向量积的坐标表示:$\boldsymbol{\alpha}\times\boldsymbol{\beta}=(x_1\boldsymbol{i}+y_1\boldsymbol{j}+z_1\boldsymbol{k})\times(x_2\boldsymbol{i}+y_2\boldsymbol{j}+z_2\boldsymbol{k})$

$$=\{y_1z_2-y_2z_1,z_1x_2-z_2x_1,x_1y_2-x_2y_1\}=\begin{vmatrix} \boldsymbol{i} & \boldsymbol{j} & \boldsymbol{k} \\ x_1 & y_1 & z_1 \\ x_2 & y_2 & z_2 \end{vmatrix}.$$

常用性质:$\boldsymbol{\alpha}\times\boldsymbol{\alpha}=0$;$\boldsymbol{\alpha}\times\boldsymbol{\beta}=-\boldsymbol{\beta}\times\boldsymbol{\alpha}$;$\boldsymbol{\alpha}\times\boldsymbol{\beta}=0\Leftrightarrow\boldsymbol{\alpha}//\boldsymbol{\beta}$.

4. 向量的关系

如果非零向量 $\boldsymbol{\alpha}$ 和 $\boldsymbol{\beta}$ 的夹角 $(\widehat{\boldsymbol{\alpha},\boldsymbol{\beta}})=\dfrac{\pi}{2}$ 时,我们称向量 $\boldsymbol{\alpha}$ 和 $\boldsymbol{\beta}$ 相互垂直或正交.

向量 $\boldsymbol{\alpha}$ 和 $\boldsymbol{\beta}$ 的夹角 $(\widehat{\boldsymbol{\alpha},\boldsymbol{\beta}})=0$ 或 π 时,我们称向量 $\boldsymbol{\alpha}$ 和 $\boldsymbol{\beta}$ 相互平行.

> ⧖ 注意:(1) 非零向量 $\boldsymbol{\alpha}$ 和非零向量 $\boldsymbol{\beta}$ 相互垂直当且仅当 $\boldsymbol{\alpha}\cdot\boldsymbol{\beta}=0$;
> (2) 非零向量 $\boldsymbol{\alpha}$ 和非零向量 $\boldsymbol{\beta}$ 相互平行当且仅当 $|\boldsymbol{\alpha}\times\boldsymbol{\beta}|=0$ 或 $|\boldsymbol{\beta}\times\boldsymbol{\alpha}|=0$;
> 非零向量 $\boldsymbol{\alpha}=\{x_1,y_1,z_1\}$ 和非零向量 $\boldsymbol{\beta}=\{x_2,y_2,z_2\}$ 相互平行当且仅当 $\dfrac{x_1}{x_2}=\dfrac{y_1}{y_2}=\dfrac{z_1}{z_2}$.

5. 空间平面

(1) 平面方程的概念:如果某一平面 π 与某一方程 $F(x,y,z)=0$ 满足下面的关系:

(a) 满足方程 $F(x,y,z)=0$ 的点在平面 π 上;

(b) 在平面 π 上的点满足方程 $F(x,y,z)=0$.

则我们把方程 $F(x,y,z)=0$ 叫作平面 π 的方程,而平面 π 叫作方程 $F(x,y,z)=0$ 的平面.

(2) 平面的点法式方程

法向量:如果向量 $\overrightarrow{M_1M_2}\neq\boldsymbol{0}$ 所在的直线与平面 π 相互垂直,我们称向量 $\overrightarrow{M_1M_2}$ 是平面 π 的一个法向量.

若平面 π 经过点 $M(x_0,y_0,z_0)$,$\overrightarrow{M_1M_2}=\{A,B,C\}$ 是平面 π 的一个法向量,则平面 π 的点法式方程为 $\boxed{A(x-x_0)+B(y-y_0)+C(z-z_0)=0}$

(3) 平面的一般式方程:$\boxed{Ax+By+Cz+D=0}$,其中 A,B,C 不同时为零.

(4) 两个平面的夹角及位置关系

两平面的法向量的夹角(取锐角或直角)称为平面的夹角.

设平面 $\pi_1:A_1x+B_1y+C_1z+D_1=0$ 和平面 $\pi_2:A_2x+B_2y+C_2z+D_2=0$,即 $\boldsymbol{n}_1=\{A_1,B_1,C_1\}$,$\boldsymbol{n}_2=\{A_2,B_2,C_2\}$.

则两个平面的夹角满足:$\cos\theta=\dfrac{|A_1A_2+B_1B_2+C_1C_2|}{\sqrt{A_1^2+B_1^2+C_1^2}\sqrt{A_2^2+B_2^2+C_2^2}}$.

(a) $\pi_1 \perp \pi_2 \Leftrightarrow \boldsymbol{n}_1 \cdot \boldsymbol{n}_2 = 0 \Leftrightarrow A_1 A_2 + B_1 B_2 + C_1 C_2 = 0$；

(b) $\pi_1 /\!/ \pi_2 \Leftrightarrow \boldsymbol{n}_1 /\!/ \boldsymbol{n}_2 \Leftrightarrow \dfrac{A_1}{A_2} = \dfrac{B_1}{B_2} = \dfrac{C_1}{C_2}$．

6. 空间直线

(1) 空间直线的一般式方程

若直线 L 是平面 $\pi_1 : A_1 x + B_1 y + C_1 z + D_1 = 0$ 与 $\pi_2 : A_2 x + B_2 y + C_2 z + D_2 = 0$ 的交线，

则称方程组 $\begin{cases} A_1 x + B_1 y + C_1 z + D_1 = 0 \\ A_2 x + B_2 y + C_2 z + D_2 = 0 \end{cases}$ 是直线 L 的一般式方程．

(2) 直线的点向式方程

若直线 L 与某一非零向量 $\boldsymbol{s}$ 平行，则我们把该向量 $\boldsymbol{s}$ 称为直线 L 的一个方向向量．

设直线 L 过定点 $M_0(x_0, y_0, z_0)$，直线的方向向量为 $\boldsymbol{s} = \{m, n, p\}$，则直线 L 的点向式方程是：

$$\boxed{\dfrac{x - x_0}{m} = \dfrac{y - y_0}{n} = \dfrac{z - z_0}{p}}$$

(3) 直线的参数式方程

令直线的点向式方程的比值为 t：$\dfrac{x - x_0}{m} = \dfrac{y - y_0}{n} = \dfrac{z - z_0}{p} = t$，

那么 $\begin{cases} x = x_0 + mt \\ y = y_0 + nt \\ z = z_0 + pt \end{cases}$ 为直线的参数式方程，其中 t 为参数．

(4) 两直线间的夹角及位置关系

设直线 L_1 的方程为 $\dfrac{x - x_0}{m_1} = \dfrac{y - y_0}{n_1} = \dfrac{z - z_0}{p_1}$，即 $\boldsymbol{s}_1 = \{m_1, n_1, p_1\}$．

直线 L_2 的方程为：$\dfrac{x - x_0}{m_2} = \dfrac{y - y_0}{n_2} = \dfrac{z - z_0}{p_2}$，即 $\boldsymbol{s}_2 = \{m_2, n_2, p_2\}$．

则两条直线的之间的夹角 θ 满足 $\boxed{\cos\theta = \dfrac{|\boldsymbol{s}_1 \cdot \boldsymbol{s}_2|}{|\boldsymbol{s}_1||\boldsymbol{s}_2|} = \dfrac{|m_1 m_2 + n_1 n_2 + p_1 p_2|}{\sqrt{m_1^2 + n_1^2 + p_1^2}\sqrt{m_2^2 + n_2^2 + p_2^2}}}$

(a) $L_1 \perp L_2 \Leftrightarrow \boldsymbol{s}_1 \cdot \boldsymbol{s}_2 = 0 \Leftrightarrow m_1 m_2 + n_1 n_2 + p_1 p_2 = 0$；

(b) $L_1 /\!/ L_2 \Leftrightarrow \boldsymbol{s}_1 /\!/ \boldsymbol{s}_2 \Leftrightarrow \dfrac{m_1}{m_2} = \dfrac{n_1}{n_2} = \dfrac{p_1}{p_2}$．

二、题型与解法

（一）空间直角坐标系

例 7-1 求空间直角坐标系中的任意一点 $P(-6, 5, -2)$ 关于原点，三个坐标轴，三个坐标面的对称点坐标．

解：点 P 关于原点的对称点为 $P_0(6, -5, 2)$；关于 x 轴的对称点为 $P_1(-6, -5, 2)$；

关于 y 轴的对称点为 $P_2(6, 5, 2)$；关于 z 轴的对称点为 $P_3(6, -5, -2)$；

关于 xOy 面的对称点为 $P_4(-6,5,2)$；关于 yOz 面的对称点为 $P_5(6,5,-2)$；

关于 zOx 面的对称点为 $P_6(-6,-5,-2)$.

例 7-2 请指出 $A(-2,1,6),B(-4,-2,5)$ 分别在哪一个卦限，并求出 A,B 两点之间的距离.

解：点 A 在第Ⅱ卦限，点 B 在第Ⅲ卦限. $|AB|=\sqrt{(-4+2)^2+(-2-1)^2+(5-6)^2}$
$=\sqrt{14}$.

（二）向量代数

1. 向量的模，方向余弦，方向角

例 7-3 已知两点 $M_1(1,-\sqrt{2},5),M_2(2,0,4)$，求 $|\overrightarrow{M_1M_2}|,\overrightarrow{M_1M_2}$ 的方向余弦，方向角及与 $\overrightarrow{M_1M_2}$ 同方向的单位向量.

解：$\overrightarrow{M_1M_2}=\{1,\sqrt{2},-1\},|\overrightarrow{M_1M_2}|=\sqrt{1+2+1}=2$；

$\cos\alpha=\dfrac{1}{2},\alpha=\dfrac{\pi}{3};\cos\beta=\dfrac{\sqrt{2}}{2},\beta=\dfrac{\pi}{4};\cos\gamma=-\dfrac{1}{2},\gamma=\dfrac{2\pi}{3}$；

$\overrightarrow{M_1M_2}$ 的同向单位向量 $\dfrac{\overrightarrow{M_1M_2}}{|\overrightarrow{M_1M_2}|}=\dfrac{1}{2}\{1,\sqrt{2},-1\}=\left\{\dfrac{1}{2},\dfrac{\sqrt{2}}{2},-\dfrac{1}{2}\right\}$.

2. 向量的运算

【解题方法】　(1) 向量的加减，数乘运算. (2) 向量的数量积公式. (3) 向量的向量积公式.

例 7-4 已知 $\boldsymbol{\alpha}=\{-6,3,0\},\boldsymbol{\beta}=\{2,3,-5\}$，求 $\boldsymbol{\alpha}+2\boldsymbol{\beta}$.

解：$\boldsymbol{\alpha}+2\boldsymbol{\beta}=\{-6,3,0\}+2\{2,3,-5\}=\{-2,9,-10\}$.

例 7-5 已知 $|\boldsymbol{\alpha}|=3,|\boldsymbol{\beta}|=2,(\widehat{\boldsymbol{\alpha},\boldsymbol{\beta}})=\dfrac{\pi}{3}$，求 $\boldsymbol{\alpha}\cdot\boldsymbol{\beta},(3\boldsymbol{\alpha}+2\boldsymbol{\beta})\cdot(3\boldsymbol{\alpha}-6\boldsymbol{\beta}),|\boldsymbol{\alpha}\times\boldsymbol{\beta}|$.

解：$\boldsymbol{\alpha}\cdot\boldsymbol{\beta}=|\boldsymbol{\alpha}||\boldsymbol{\beta}|\cos(\widehat{\boldsymbol{\alpha},\boldsymbol{\beta}})=6\times\dfrac{1}{2}=3$.

$(3\boldsymbol{\alpha}+2\boldsymbol{\beta})\cdot(3\boldsymbol{\alpha}-6\boldsymbol{\beta})=9\,|\boldsymbol{\alpha}|^2-18\boldsymbol{\alpha}\cdot\boldsymbol{\beta}+6\boldsymbol{\beta}\cdot\boldsymbol{\alpha}-12\,|\boldsymbol{\beta}|^2=9\,|\boldsymbol{\alpha}|^2-12\boldsymbol{\alpha}\cdot\boldsymbol{\beta}-12\,|\boldsymbol{\beta}|^2$
$=-3$.

$|\boldsymbol{\alpha}\times\boldsymbol{\beta}|=|\boldsymbol{\alpha}||\boldsymbol{\beta}|\sin(\widehat{\boldsymbol{\alpha},\boldsymbol{\beta}})=6\times\dfrac{\sqrt{3}}{2}=3\sqrt{3}$.

例 7-6 设 $\boldsymbol{\alpha}=\{1,-2,5\},\boldsymbol{\beta}=\{6,-7,2\}$，求 $\boldsymbol{\alpha}\times\boldsymbol{\beta}$.

解：$\boldsymbol{\alpha}\times\boldsymbol{\beta}=\begin{vmatrix} i & j & k \\ 1 & -2 & 5 \\ 6 & -7 & 2 \end{vmatrix}=\{31,28,5\}$.

例 7-7 设 $\boldsymbol{\alpha}=\{2,1,1\}$，若 $\boldsymbol{\alpha}/\!/\boldsymbol{\beta}$ 且 $|\boldsymbol{\beta}|=4$，求 $\boldsymbol{\beta}$.

解：设 $\boldsymbol{\beta}=\{2\lambda,\lambda,\lambda\},|\boldsymbol{\beta}|=\sqrt{4\lambda^2+\lambda^2+\lambda^2}=\sqrt{6\lambda^2}=4,\lambda=\pm\dfrac{2}{3}\sqrt{6}$，

$\boldsymbol{\beta}=\left\{\dfrac{4}{3}\sqrt{6},\dfrac{2}{3}\sqrt{6},\dfrac{2}{3}\sqrt{6}\right\}$ 或 $\boldsymbol{\beta}=\left\{-\dfrac{4}{3}\sqrt{6},-\dfrac{2}{3}\sqrt{6},-\dfrac{2}{3}\sqrt{6}\right\}$.

例 7 - 8　已知 $\boldsymbol{\alpha}=\{7,1,-2\}$ 和 $\boldsymbol{\beta}=\{1,4,-k\}$，且 $\boldsymbol{\alpha}\perp\boldsymbol{\beta}$，求 k 的值.

解：$\boldsymbol{\alpha}\cdot\boldsymbol{\beta}=0\Rightarrow7+4+2k=0,k=-\dfrac{11}{2}$.

3. 平面方程

【解题方法】　平面的点法式方程：$A(x-x_0)+B(y-y_0)+C(z-z_0)=0$.

平面的一般式方程：$Ax+By+Cz+D=0$.

两平面的夹角和位置关系.

例 7 - 9　求过点 $A(1,2,1),B(-1,3,-1),C(2,-1,3)$ 三点的平面方程.

解：设 $\boldsymbol{n}$ 为平面的一个法向量，取 $\overrightarrow{AB}=\{-2,1,-2\},\overrightarrow{AC}=\{1,-3,2\}$.

由于 $\boldsymbol{n}\perp\overrightarrow{AB},\boldsymbol{n}\perp\overrightarrow{AC}$，故

$$\boldsymbol{n}=\overrightarrow{AB}\times\overrightarrow{AC}=\begin{vmatrix} \boldsymbol{i} & \boldsymbol{j} & \boldsymbol{k} \\ -2 & 1 & -2 \\ 1 & -3 & 2 \end{vmatrix}=\{-4,2,5\},$$

则平面方程为：$-4(x-1)+2(y-2)+5(z-1)=0$,

即：$4x-2y-5z+5=0$.

例 7 - 10　求过点 $A(1,-1,2)$ 且平行于平面 $2x-y+z-1=0$ 的平面.

解：由于平面平行于平面 $2x-y+z-1=0$，故所求平面的法向量为 $\boldsymbol{n}=\{2,-1,1\}$，则该平面方程为：

$$2x-y+z-5=0.$$

例 7 - 11　已知平面 $\pi_1:mx+7y-6z-24=0$ 与平面 $\pi_2:2x-3my+11z-19=0$ 相互垂直，求 m 的值.

解：$\boldsymbol{n}_1=\{m,7,-6\},\boldsymbol{n}_2=\{2,-3m,11\}$.

由于 $\pi_1\perp\pi_2$，则 $\boldsymbol{n}_1\cdot\boldsymbol{n}_2=0$.

$2m-21m-66=0$，得 $m=-\dfrac{66}{19}$.

例 7 - 12　求平面 $x-4y+z=3$ 和平面 $2x-2y-z=5$ 的夹角.

解：设两个平面的夹角为 θ.

$$\cos\theta=\frac{|1\times2+(-4)\times(-2)+1\times(-1)|}{\sqrt{1^2+(-4)^2+1^2}\sqrt{2^2+(-2)^2+(-1)^2}}=\frac{\sqrt{2}}{2},$$

所以 $\theta=\dfrac{\pi}{4}$.

4. 空间直线

【解题方法】　空间直线的一般式方程：$\begin{cases} A_1x+B_1y+C_1z+D_1=0 \\ A_2x+B_2y+C_2z+D_2=0 \end{cases}$.

空间直线的点向式方程：$\dfrac{x-x_0}{m}=\dfrac{y-y_0}{n}=\dfrac{z-z_0}{p}$.

空间直线的参数式方程：$\begin{cases} x=x_0+mt \\ y=y_0+nt \\ z=z_0+pt \end{cases}$，其中 t 为参数.

两直线的夹角和位置关系.

例7-13 求经过点 $A(4,-3,2)$ 和点 $B(5,1,0)$ 的直线方程.

解: 由于 $\overrightarrow{AB}=\{1,4,-2\}$,取直线的方向向量为 $s=\{1,4,-2\}$,又直线过点 $A(4,-3,2)$,所以所求直线方程为:

$$\frac{x-4}{1}=\frac{y+3}{4}=\frac{z-2}{-2}.$$

例7-14 求过点 $A(3,2,4)$ 且与两平面 $x+2y+3z=1$ 和 $2y-5z=2$ 都平行的直线方程.

解: 设所求直线的方向向量为 s,两个平面的法向量分别为 $n_1=\{1,2,3\}$,$n_2=\{0,2,-5\}$.

由于 $s\perp n_1$ 且 $s\perp n_2$,

$$s=\begin{vmatrix} i & j & k \\ 1 & 2 & 3 \\ 0 & 2 & -5 \end{vmatrix}=-16i+5j+2k,$$

所以该直线方程为:$\dfrac{x-3}{-16}=\dfrac{y-2}{5}=\dfrac{z-4}{2}.$

例7-15 已知直线 $L_1:\dfrac{x-3}{2}=\dfrac{y+5}{1}=\dfrac{z-2}{1}$ 和直线 $L_2:\dfrac{x+4}{1}=\dfrac{y-7}{-1}=\dfrac{z+3}{2}$,求两条直线的夹角.

解: 设两条直线的夹角为 θ.

$$\cos\theta=\frac{|2\times1+1\times(-1)+1\times2|}{\sqrt{2^2+1^2+1^2}\sqrt{1^2+(-1)^2+2^2}}=\frac{1}{2},$$

所以 $\theta=\dfrac{\pi}{3}.$

三、能力训练

(一) 空间向量

1. 已知三点 $A(1,2,-3)$,$B(-1,-6,-2)$,$C(3,-4,-3)$.

(1) 确定这三点所在的卦限;

(2) 确定这三点与 yOz 面的对称点的坐标;

(3) 确定这三点与 z 轴的对称点的坐标;

(4) 确定这三点与原点的对称点的坐标.

2. 在 x 轴上求一点,使它到点$(-3,2,-2)$的距离为 3.

3. 求点 $P(4,3,-5)$到原点、各坐标轴、各坐标面的距离.

4. 已知三点 $A(-2,2,-2)$,$B(-6,1,-1)$,$C(-1,2,-2)$.求:(1) $\overrightarrow{AB}$,$\overrightarrow{CB}$和$\overrightarrow{AC}$的坐标;(2) $|\overrightarrow{AC}|+|\overrightarrow{AB}|$.

5. 已知三点 $A(-5,0,-1)$,$B(-3,2,-2)$,$C(-6,3,-1)$.求:(1) $\overrightarrow{AB}$,$\overrightarrow{CB}$和$\overrightarrow{AC}$的长度;(2) $\overrightarrow{AC}+\overrightarrow{AB}$.

6. 已知两点 $M_1(2,2,\sqrt{2})$和$M_2(1,3,0)$,计算向量$\overrightarrow{M_1M_2}$的方向余弦和方向角.

(二) 向量的运算

7. 已知 $|\boldsymbol{\alpha}|=3$，$|\boldsymbol{\beta}|=2$，$(\overset{\wedge}{\boldsymbol{\alpha},\boldsymbol{\beta}})=\dfrac{\pi}{3}$. (1) 求 $\boldsymbol{\alpha}\cdot\boldsymbol{\beta}$，$|\boldsymbol{\alpha}\times\boldsymbol{\beta}|$；(2) 求 $(3\boldsymbol{\alpha}+2\boldsymbol{\beta})\cdot(3\boldsymbol{\alpha}-6\boldsymbol{\beta})$.

8. 已知向量 $\boldsymbol{\alpha}=\{1,-1,3\}$，$\boldsymbol{\beta}=\{2,-3,1\}$. 求：(1) $\boldsymbol{\alpha}\cdot\boldsymbol{\beta}$；(2) $\boldsymbol{\alpha}\times\boldsymbol{\beta}$；(3) 以 $\boldsymbol{\alpha},\boldsymbol{\beta}$ 为边的平行四边形的面积；(4) $(\overset{\wedge}{\boldsymbol{\alpha},\boldsymbol{\beta}})$.

9. 求与向量 $\boldsymbol{\alpha}=\{2,3,4\}$ 平行且满足 $\boldsymbol{\alpha}\cdot\boldsymbol{\beta}=-18$ 的向量 $\boldsymbol{\beta}$.

10. 求同时垂直于向量 $\boldsymbol{\alpha}=\{2,-1,1\}$ 和 $\boldsymbol{\beta}=\{1,2,-1\}$ 的单位向量 $\boldsymbol{\gamma}$.

(三) 空间平面

11. 求通过已知三点 $A(7,6,7)$，$B(5,10,5)$，$C(-1,8,9)$ 的平面方程.

12. 求过点 $A(1,2,3)$ 且平行于平面 $x+2y-z-6=0$ 的平面方程.

13. 求过点 $A(2,3,1)$ 且平行于向量 $\boldsymbol{\alpha}=\{2,-1,3\}$ 和 $\boldsymbol{\beta}=\{3,0,-1\}$ 的平面方程.

14. 求过点 $A(1,1,1)$ 且垂直于平面 $x-y+z=7$ 和 $3x+2y-12z+5=0$ 的平面方程.

15. 求通过点 $A(4,2,3)$ 和 z 轴的平面方程.

16. 求出平面 $2x-2y+z=10$ 与 $3x+2y-2z+1=0$ 的夹角.

（四）空间直线

17. 化直线 L 的方程 $\begin{cases} 2x+4y+2z+6=0 \\ x-y+z=0 \end{cases}$ 为参数式.

18. 求过点 $M(1,2,-5)$ 且与直线 $\dfrac{x-2}{3}=\dfrac{y+1}{-1}=\dfrac{z-3}{5}$ 平行的直线方程.

19. 求过点 $M(-1,2,4)$ 且与平面 $5x-y-2z+1=0$ 垂直的直线方程.

20. 已知直线过 $M_1(-1,0,3)$ 和 $M_2(2,1,-5)$,求此直线方程.

21. 求过点 $M(2,-1,3)$ 且与直线 $L_1:\dfrac{x-7}{2}=\dfrac{y+3}{3}=\dfrac{z+5}{4}$ 和直线 $L_2:\dfrac{x-3}{1}=\dfrac{y}{-2}=\dfrac{z-4}{3}$ 都垂直的直线方程.

22. 直线 L_1 的方程和直线 L_2 的方程分别是

$$L_1:\dfrac{x-3}{1}=\dfrac{y-2}{-4}=\dfrac{z+1}{1} \text{和} L_2:\dfrac{x-2}{2}=\dfrac{y-1}{-2}=\dfrac{z+3}{-1}.$$

求直线 L_1 和直线 L_2 的夹角.

第八章　多元函数微积分

一、知识点梳理

1. 多元函数

如果每一有序实数对 (x,y) 按某个对应法则对应着唯一的一个实数 z，这种特殊的对应关系就叫作**二元函数**，记为 $z=f(x,y)$，其中变量 x,y 都被称为二元函数的**自变量**，变量 z 被称为二元函数的**因变量**. 例如：$z=\dfrac{xy}{x+y}$，$z=xy^2+\mathrm{e}^{xy}+\ln(x+y)$.

2. 多元函数的极限

设函数 $z=f(x,y)$ 在点 $P_0(x_0,y_0)$ 的某一邻域内有定义（P_0 点可除外），如果动点 $P(x,y)$ 沿任意路径趋向于定点 $P_0(x_0,y_0)$ 时，对应的函数值 $f(x,y)$ 无限趋近于一个确定的常数 A，则称 A 为函数 $z=f(x,y)$ 当 $P\to P_0$ 时的**极限**，记作 $\lim\limits_{\substack{x\to x_0\\y\to y_0}}f(x,y)=A$ 或 $\lim\limits_{(x,y)\to(x_0,y_0)}f(x,y)=A$.

3. 多元函数的连续性

定义：设函数 $z=f(x,y)$ 在点 $P_0(x_0,y_0)$ 的某一邻域内有定义，且 $\lim\limits_{\substack{x\to x_0\\y\to y_0}}f(x,y)=f(x_0,y_0)$，则称函数 $f(x,y)$ 在点 $P_0(x_0,y_0)$ 处**连续**. 如果 $f(x,y)$ 在区域 D 内的每一点都连续，则称 $f(x,y)$ 在区域 D 上**连续**. 如果函数 $z=f(x,y)$ 在点 $P_0(x_0,y_0)$ 不连续，则称点 $P_0(x_0,y_0)$ 是 $z=f(x,y)$ 的**不连续点**或**间断点**.

> **注意**：二元初等函数在其定义区域内是连续的.

4. 多元函数的偏导数

对于二元函数 $z=f(x,y)$，我们把自变量 y 当作一个常数，对变量 x 进行求导运算，得到的一个新的二元函数，就叫作二元函数 $z=f(x,y)$ 关于自变量 x 的**偏导数**，记为 $f_x(x,y)$ 或 $\dfrac{\partial z}{\partial x}$.

对于二元函数 $z=f(x,y)$，我们把自变量 x 当作一个常数，对变量 y 进行求导运算，得到的二元函数就叫作二元函数 $z=f(x,y)$ 关于自变量 y 的**偏导数**，记为 $f_y(x,y)$ 或 $\dfrac{\partial z}{\partial y}$.

5. 多元函数的二阶偏导数

二元函数 $z=f(x,y)$ 的偏导数 $f_x(x,y)$ 的关于变量 x 的偏导数，我们称之为二元函数

$z=f(x,y)$ 的**二阶偏导数**,记为 $f_{xx}(x,y)$ 或 $\dfrac{\partial^2 z}{\partial x^2}$.

类似地,有二元函数 $z=f(x,y)$ 的其他二阶偏导数,它们是:

(1) 二元函数 $z=f(x,y)$ 的偏导数 $f_x(x,y)$ 的关于 y 的偏导数: $f_{xy}(x,y)=\dfrac{\partial^2 z}{\partial x \partial y}$.

(2) 二元函数 $z=f(x,y)$ 的偏导数 $f_y(x,y)$ 的关于 x 的偏导数: $f_{yx}(x,y)=\dfrac{\partial^2 z}{\partial y \partial x}$.

(3) 二元函数 $z=f(x,y)$ 的偏导数 $f_y(x,y)$ 的关于 y 的偏导数: $f_{yy}(x,y)=\dfrac{\partial^2 z}{\partial y^2}$.

6. 多元函数的全微分

(1) 全增量:称 $\Delta z=f(x+\Delta x,y+\Delta y)-f(x,y)$ 为二元函数 $z=f(x,y)$ 的**全增量**,其中 Δx 与 Δy 是二元函数 $z=f(x,y)$ 分别关于变量 x 与变量 y 的增量.

(2) 全微分:如果二元函数 $z=f(x,y)$ 的全增量 Δz 与 $\dfrac{\partial z}{\partial x}\Delta x+\dfrac{\partial z}{\partial y}\Delta y$ 的差是 $\rho=\sqrt{(\Delta x)^2+(\Delta y)^2}$ 的高阶无穷小(当 $\Delta x \to 0$ 且 $\Delta y \to 0$ 时),我们把 $\mathrm{d}z=\dfrac{\partial z}{\partial x}\Delta x+\dfrac{\partial z}{\partial y}\Delta y=\dfrac{\partial z}{\partial x}\mathrm{d}x+\dfrac{\partial z}{\partial y}\mathrm{d}y$ 就叫作二元函数 $z=f(x,y)$ 的**全微分**,同时称二元函数 $z=f(x,y)$ 是**可微的**.

7. 多元函数的全导数

若二元函数 $z=f(x,y)$ 是可微的,x,y 都是变量 t 的可导函数,则 $\dfrac{\mathrm{d}z}{\mathrm{d}t}=\dfrac{\partial z}{\partial x}\dfrac{\mathrm{d}x}{\mathrm{d}t}+\dfrac{\partial z}{\partial y}\dfrac{\mathrm{d}y}{\mathrm{d}t}$,在这种情况下,我们称 $\dfrac{\mathrm{d}z}{\mathrm{d}t}$ 为二元函数 $z=f(x,y)$ 的全导数.

8. 多元函数的复合函数偏导数

二元函数 $z=f(x,y)$ 是可微的,$x=g(r,s)$,$y=h(r,s)$ 也都是可微的,则

$$\frac{\partial z}{\partial r}=\frac{\partial z}{\partial x}\frac{\partial x}{\partial r}+\frac{\partial z}{\partial y}\frac{\partial y}{\partial r},\frac{\partial z}{\partial s}=\frac{\partial z}{\partial x}\frac{\partial x}{\partial s}+\frac{\partial z}{\partial y}\frac{\partial y}{\partial s}.$$

9. 多元函数的复合函数偏导数

(1) 由方程 $F(x,y)=0$ 所确定的隐函数 $y=f(x)$ 的导数: $\dfrac{\mathrm{d}y}{\mathrm{d}x}=-\dfrac{\dfrac{\partial F}{\partial x}}{\dfrac{\partial F}{\partial y}}$.

(2) 由方程 $F(x,y,z)=0$ 所确定的隐函数 $z=f(x,y)$ 偏导数: $\dfrac{\partial z}{\partial x}=-\dfrac{\dfrac{\partial F}{\partial x}}{\dfrac{\partial F}{\partial z}}=-\dfrac{F_x}{F_z}$,$\dfrac{\partial z}{\partial y}$

$=-\dfrac{\dfrac{\partial F}{\partial y}}{\dfrac{\partial F}{\partial z}}=-\dfrac{F_y}{F_z}$.

10. 多元函数的极值

(1) 如果二元函数 $z=f(x,y)$ 在 (x_0,y_0) 处满足 $f_x(x_0,y_0)=0$,$f_y(x_0,y_0)=0$ 且在 (x_0,y_0) 处及其附近 $f(x,y)$,$f_x(x,y)$ 和 $f_y(x,y)$ 都可微.记: $A=f_{xx}(x_0,y_0)$,$B=f_{xy}(x_0,$

y_0），$C=f_{yy}(x_0,y_0)$，则有

（ⅰ）当 $B^2-AC<0$ 时，二元函数 $z=f(x,y)$ 在 (x_0,y_0) 处取极值. 如果 $A<0$，函数取极大值；如果 $A>0$，函数取极小值.

（ⅱ）当 $B^2-AC>0$ 时，二元函数 $z=f(x,y)$ 在 (x_0,y_0) 处不取极值.

（ⅲ）当 $B^2-AC=0$ 时，二元函数 $z=f(x,y)$ 在 (x_0,y_0) 处可能取极值，也可能不取极值.

（2）二元函数 $z=f(x,y)$ 的极值的求法步骤如下：

第一步 解方程组 $f_x(x,y)=0$，$f_y(x,y)=0$ 求得一切实数解，即可求得所有驻点；

第二步 结合函数的定义域，对于每一个驻点，求出二阶偏导数的值 A,B,C；

第三步 确定 B^2-AC 的符号，根据定理的结论，判定 $f(x_0,y_0)$ 是否是极值，是极大值还是极小值；

第四步 算出函数的极值.

11. 二重积分

二元函数的二重积分是一元函数的定积分的推广，我们用 $\iint\limits_{D}f(x,y)\mathrm{d}\sigma$ 来表示二元函数 $z=f(x,y)$ 在区域 D 上的**二重积分**.

12. 二重积分的性质

（1）线性性质：$\iint\limits_{D}[\alpha f(x,y)+\beta g(x,y)]\mathrm{d}\sigma=\alpha\iint\limits_{D}f(x,y)\mathrm{d}\sigma+\beta\iint\limits_{D}g(x,y)\mathrm{d}\sigma$，其中：$\alpha,\beta$ 是常数.

（2）对区域的可加性：若区域 D 分为两个部分区域 D_1，D_2，则

$$\iint\limits_{D}f(x,y)\mathrm{d}\sigma=\iint\limits_{D_1}f(x,y)\mathrm{d}\sigma+\iint\limits_{D_2}f(x,y)\mathrm{d}\sigma.$$

（3）若在 D 上，$f(x,y)\equiv1$，σ 表示区域 D 的面积，则 $\iint\limits_{D}f(x,y)\mathrm{d}\sigma=\iint\limits_{D}1\cdot\mathrm{d}\sigma=\iint\limits_{D}\mathrm{d}\sigma=\sigma.$

（4）若在 D 上，$f(x,y)\leqslant\varphi(x,y)$，则有不等式 $\iint\limits_{D}f(x,y)\mathrm{d}\sigma\leqslant\iint\limits_{D}\varphi(x,y)\mathrm{d}\sigma$，特别地，由于 $-|f(x,y)|\leqslant f(x,y)\leqslant|f(x,y)|$，有 $\left|\iint\limits_{D}f(x,y)\mathrm{d}\sigma\right|\leqslant\iint\limits_{D}|f(x,y)|\,\mathrm{d}\sigma.$

（5）估值不等式：设 M 与 m 分别是 $f(x,y)$ 在闭区域 D 上最大值和最小值，σ 是区域 D 的面积，则

$$m\sigma\leqslant\iint\limits_{D}f(x,y)\mathrm{d}\sigma\leqslant M\sigma.$$

（6）二重积分的中值定理：设函数 $f(x,y)$ 在闭区域 D 上连续，σ 是 D 的面积，则在 D 上至少存在一点 (ξ,η)，使得 $\iint\limits_{D}f(x,y)\mathrm{d}\sigma=f(\xi,\eta)\sigma.$

13. 二重积分计算

（1）积分区域是矩形（直线 $y=c$，$y=d$ 和 $x=a$，$x=b$ 所围成）

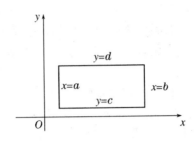

$$\iint\limits_{D}f(x,y)\mathrm{d}\sigma=\int_{a}^{b}\mathrm{d}x\int_{c}^{d}f(x,y)\mathrm{d}y=\int_{a}^{b}\left[\int_{c}^{d}f(x,y)\mathrm{d}y\right]\mathrm{d}x$$

$$或 =\int_{c}^{d}\mathrm{d}y\int_{a}^{b}f(x,y)\mathrm{d}x=\int_{c}^{d}\left[\int_{a}^{b}f(x,y)\mathrm{d}x\right]\mathrm{d}y.$$

（2）积分区域是 x-型（由曲线 $y=f(x)$，$y=g(x)$ 和直线 $x=a$，$x=b$ 所围成）

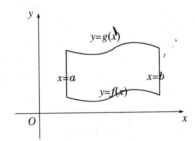

$$\iint\limits_{D}f(x,y)\mathrm{d}\sigma=\int_{a}^{b}\mathrm{d}x\int_{f(x)}^{g(x)}f(x,y)\mathrm{d}y=\int_{a}^{b}\left[\int_{f(x)}^{g(x)}f(x,y)\mathrm{d}y\right]\mathrm{d}x.$$

在计算积分 $\int_{f(x)}^{g(x)}f(x,y)\mathrm{d}y$ 时，我们把自变量 x 看成是一个常数，这样是作单变量函数的定积分，得到一个包含自变量 x 的表达式，再对自变量 x 求定积分，这样就得到了二重积分的值.

（3）积分区域是 y-型（由曲线 $x=f(y)$，$x=g(y)$ 和直线 $y=c$，$y=d$ 所围成）

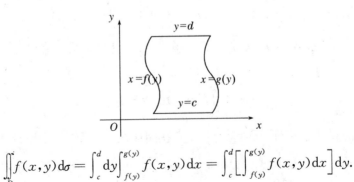

$$\iint\limits_{D}f(x,y)\mathrm{d}\sigma=\int_{c}^{d}\mathrm{d}y\int_{f(y)}^{g(y)}f(x,y)\mathrm{d}x=\int_{c}^{d}\left[\int_{f(y)}^{g(y)}f(x,y)\mathrm{d}x\right]\mathrm{d}y.$$

在计算积分 $\displaystyle\int_{f(y)}^{g(y)} f(x,y)\mathrm{d}x$ 时，我们把自变量 y 看成是一个常数，作单变量函数的定积分，得到一个包含自变量 y 的表达式，再对自变量 y 求定积分，这样就得到了二重积分的值.

二、题型与解法

（一）多元函数定义域

【**解题方法**】 类似于一元函数的定义域讨论，主要考虑函数对自变量的限制.

例 8-1 讨论下列二元函数的定义域：

(1) $z = \dfrac{xy}{\sqrt{2x+3y}}$；

(2) $z = \sqrt{x^2+y^2-4} + \dfrac{1}{\sqrt{9-x^2-y^2}}$.

解：(1) 依题意 $\begin{cases} \sqrt{2x+3y} \neq 0 \\ 2x+3y \geqslant 0 \end{cases}$，故所求定义域为 $D = \{(x,y) \mid 2x+3y > 0\}$.

(2) 依题意 $\begin{cases} x^2+y^2-4 \geqslant 0 \\ 9-x^2-y^2 \geqslant 0 \\ \sqrt{9-x^2-y^2} \neq 0 \end{cases}$，故所求定义域为 $D = \{(x,y) \mid 4 \leqslant x^2+y^2 < 9\}$.

（二）多元函数极限

【**解题方法**】 类似于一元函数的极限讨论，主要应用整体考虑的数学思想.

例 8-2 求下列函数的极限：

(1) $\displaystyle\lim_{(x,y)\to(1,2)} (2x^2+3y^3)$；　　　　　(2) $\displaystyle\lim_{(x,y)\to(0,0)} \dfrac{\sqrt{y^2\sin x+49}-7}{y^2\sin x}$.

解：(1) $\displaystyle\lim_{(x,y)\to(1,2)} (2x^2+3y^3) = \lim_{x\to 1} 2x^2 + \lim_{y\to 2} 3y^3 = 2\times 1^2 + 3\times 2^3 = 26$；

(2) $\displaystyle\lim_{(x,y)\to(0,0)} \dfrac{\sqrt{y^2\sin x+49}-7}{y^2\sin x} = \lim_{(x,y)\to(0,0)} \dfrac{\sqrt{y^2\sin x+49}-7}{y^2\sin x}\cdot\dfrac{\sqrt{y^2\sin x+49}+7}{\sqrt{y^2\sin x+49}+7}$

$= \displaystyle\lim_{(x,y)\to(0,0)} \dfrac{y^2\sin x}{y^2\sin x(\sqrt{y^2\sin x+49}+7)} = \lim_{(x,y)\to(0,0)} \dfrac{1}{\sqrt{y^2\sin x+49}+7} = \dfrac{1}{14}$.

（三）多元函数偏导数

【**解题方法**】 类似于一元函数的导数讨论，主要考虑其他变量在求导数时作为常数处理.

例 8-3 求下列二元函数的偏导数：

(1) $z=5x^2+3y^3-2xy$;　　　　　　　　(2) $z=x^{\sin y}$.

解:(1) 将 y 看成常数,对 x 进行求导,得$\dfrac{\partial z}{\partial x}=10x-2y$,

将 x 看成常数,对 y 进行求导,得$\dfrac{\partial z}{\partial y}=9y^2-2x$.

(2) 将 y 看成常数,对 x 进行求导,得$\dfrac{\partial z}{\partial x}=\sin y(x^{\sin y-1})$,

将 x 看成常数,对 y 进行求导,得$\dfrac{\partial z}{\partial y}=(x^{\sin y}\ln x)\cos y$.

(四) 多元函数二阶偏导数

【解题方法】 类似于一元函数的二阶导数讨论,主要考虑在偏导数的基础上继续偏导数.

例 8-4 求下列二元函数的二阶偏导数:

(1) $z=x^2-3y^3-2x^2y$;　　　　　　　　(2) $z=2x\cos y-3ye^x$.

解:(1) 一阶偏导数$\dfrac{\partial z}{\partial x}=2x-4xy$,$\dfrac{\partial z}{\partial y}=9y^2-2x^2$,

二阶偏导数$\dfrac{\partial^2 z}{\partial x^2}=2-4y$,$\dfrac{\partial^2 z}{\partial x\partial y}=-4x$,$\dfrac{\partial^2 z}{\partial y^2}=18y$,$\dfrac{\partial^2 z}{\partial y\partial x}=-4x$.

(2) 一阶偏导数$\dfrac{\partial z}{\partial x}=2\cos y-3ye^x$,$\dfrac{\partial z}{\partial y}=-2x\sin y-3e^x$,

二阶偏导数$\dfrac{\partial^2 z}{\partial x^2}=-3ye^x$,$\dfrac{\partial^2 z}{\partial x\partial y}=-2\sin y-3e^x$;$\dfrac{\partial^2 z}{\partial y^2}=-2x\cos y$,$\dfrac{\partial^2 z}{\partial y\partial x}=-2\sin y-3e^x$.

(五) 多元函数二阶全微分

【解题方法】 类似于一元函数的全微分讨论,主要考虑多元函数全微分的计算公式.

例 8-5 求下列二元函数的全微分:

(1) $z=x^2+3y^3-3xy$;　　　　　　　　(2) $z=x\cos y-2ye^x$.

解:(1) 因为$\dfrac{\partial z}{\partial x}=2x-3y$,$\dfrac{\partial z}{\partial y}=9y^2-3x$,

所以 $\mathrm{d}z=\dfrac{\partial z}{\partial x}\mathrm{d}x+\dfrac{\partial z}{\partial y}\mathrm{d}y=(2x-3y)\mathrm{d}x+(9y^2-3x)\mathrm{d}y$;

(2) 因为$\dfrac{\partial z}{\partial x}=\cos y-2ye^x$,$\dfrac{\partial z}{\partial y}=-x\sin y-2e^x$,

所以 $\mathrm{d}z=\dfrac{\partial z}{\partial x}\mathrm{d}x+\dfrac{\partial z}{\partial y}\mathrm{d}y=(\cos y-2ye^x)\mathrm{d}x+(-x\sin y-2e^x)\mathrm{d}y$.

(六) 多元函数的近似计算

【解题方法】 类似于一元函数的近似计算的讨论,主要考虑多元函数近似计算的计算公式.

例 8 - 6　利用全微分计算 $(0.95)^{2.01}$ 的近似值.

解：设 $z=f(x,y)=x^y$，则要计算的值就是函数在 $x+\Delta x=0.95$，$y+\Delta y=2.01$ 时的函数值 $f(0.95,2.01)$.

取 $x=1$，$y=2$，$\Delta x=-0.05$，$\Delta y=0.01$.

由公式 $f(x+\Delta x,y+\Delta y)\approx f(x,y)+f_x(x,y)\Delta x+f_y(x,y)\Delta y$ 得

$(0.95)^{2.01}=f(1-0.05,2+0.01)\approx f(1,2)+f_x(1,2)(-0.05)+f_y(1,2)(0.01)$.

又 $f(1,2)=1$，$f_x(x,y)=yx^{y-1}$，$f_x(1,2)=2$，$f_y(x,y)=x^y\ln x$，$f_y(1,2)=0$，

所以 $(0.95)^{2.01}\approx 1+2\times(-0.05)+0\times 0.01=0.90$.

(七) 链定理

【解题方法】　类似于一元函数的链定理的讨论,主要考虑多元函数链定理的计算公式.

例 8 - 7　二元函数 $z=xy^2$，而 $x=2\sin t$，$y=\cos 2t$，求 $\dfrac{\mathrm{d}z}{\mathrm{d}t}$.

解：$\dfrac{\mathrm{d}z}{\mathrm{d}t}=\dfrac{\partial z}{\partial x}\cdot\dfrac{\mathrm{d}x}{\mathrm{d}t}+\dfrac{\partial z}{\partial y}\cdot\dfrac{\mathrm{d}y}{\mathrm{d}t}=y^2(2\cos t)+2xy(-2\sin 2t)=2y^2\cos t-4xy\sin 2t$.

例 8 - 8　二元函数 $z=\mathrm{e}^{2x}\cos 2y$，而 $x=sr$，$y=r+s$，求 $\dfrac{\partial z}{\partial r}$ 和 $\dfrac{\partial z}{\partial s}$.

解：$\dfrac{\partial z}{\partial r}=\dfrac{\partial z}{\partial x}\cdot\dfrac{\partial x}{\partial r}+\dfrac{\partial z}{\partial y}\cdot\dfrac{\partial y}{\partial r}=2\mathrm{e}^{2x}s\cos 2y+2\mathrm{e}^{2x}(-\sin 2y)=2\mathrm{e}^{2x}(s\cos 2y-\sin 2y)$.

$\dfrac{\partial z}{\partial s}=\dfrac{\partial z}{\partial x}\cdot\dfrac{\partial x}{\partial s}+\dfrac{\partial z}{\partial y}\cdot\dfrac{\partial y}{\partial s}=2\mathrm{e}^{2x}r\cos 2y+2\mathrm{e}^{2x}(-\sin 2y)=2\mathrm{e}^{2x}(r\cos 2y-\sin 2y)$.

(八) 隐函数的偏导数

【解题方法】　类似于一元函数的隐函数的偏导数的讨论,主要考虑隐函数的偏导数的计算公式.

例 8 - 9　如果 $x^2+y^2+z^2-3xyz=0$，求 $\dfrac{\partial z}{\partial x}$ 和 $\dfrac{\partial z}{\partial y}$.

解：令 $F(x,y,z)=x^2+y^2+z^2-3xyz$，则 $F_x=2x-3yz$，$F_y=2y-3xz$，$F_z=2z-3xy$，

所以 $\dfrac{\partial z}{\partial x}=-\dfrac{F_x}{F_z}=-\dfrac{2x-3yz}{2z-3xy}$，$\dfrac{\partial z}{\partial y}=-\dfrac{F_y}{F_z}=-\dfrac{2y-3xz}{2z-3xy}$.

(九) 多元函数极值

【解题方法】　类似于一元函数的极值的讨论,主要考虑多元函数极值计算的定理和多元函数极值计算一般步骤.

例 8 - 10　求函数 $z=\dfrac{1}{8}x^3+y^3-\dfrac{3}{2}xy$ 的极值.

解：设 $f(x,y)=\dfrac{1}{8}x^3+y^3-\dfrac{3}{2}xy$，则一阶偏导数为

$$f_x(x,y)=\frac{3}{8}x^2-\frac{3}{2}y,\ f_y(x,y)=3y^2-\frac{3}{2}x.$$

解方程组

$$\begin{cases}\dfrac{3}{8}x^2-\dfrac{3}{2}y=0\\[2mm]3y^2-\dfrac{3}{2}x=0\end{cases}.$$

得到两个驻点为 $(0,0)$ 和 $(2,1)$.

二阶偏导数为

$$f_{xx}(x,y)=\frac{3}{4}x,\ f_{xy}(x,y)=-\frac{3}{2},\ f_{yy}(x,y)=6y.$$

对于驻点 $(0,0)$，有

$$A=f_{xx}(0,0)=0,\ B=f_{xy}(0,0)=-\frac{3}{2},\ C=f_{yy}(0,0)=0,$$

所以

$$B^2-AC=\frac{9}{4}>0,$$

所以驻点 $(0,0)$ 不是极值点.

对于驻点 $(1,1)$，有

$$A=f_{xx}(2,1)=\frac{3}{2},\ B=f_{xy}(2,1)=-\frac{3}{2},\ C=f_{yy}(2,1)=6,$$

所以

$$B^2-AC=-\frac{27}{4}<0.$$

所以驻点 $(2,1)$ 是极值点，又因为 $A=\dfrac{3}{2}>0$，所以 $(1,1)$ 是极小点，函数在该点处取得极小值 $f(2,1)=-1$.

（十）偏导数的几何应用

【**解题方法**】 类似于一元函数的几何应用的讨论，主要考虑多元函数偏导数的几何意义.

例 8 - 11 求曲线 $\begin{cases}x=t\\y=2t^2\ (t\ 为参数)\\z=3t^3\end{cases}$ 在点 $(1,1,1)$ 处的切线与法平面方程.

解：因为 $x_t=1,y_t=4t,z_t=9t^2$，而点 $(1,1,1)$ 对应的参数 $t=1$，所以 $\boldsymbol{T}=\{1,4,9\}$，

于是，切线方程为 $\dfrac{x-1}{1}=\dfrac{y-1}{4}=\dfrac{z-1}{9}$，法平面方程为 $x+4y+9z=14$.

例 8 - 12 求旋转抛物面 $z=x^2+y^2-10$ 在点 $(2,1,4)$ 处的切平面及法线方程.

解：令 $f(x,y,z)=x^2+y^2-z-10$，

则 $\boldsymbol{n}\Big|_{(2,1,4)} = \{f'_x, f'_y, f'_z\}\Big|_{(2,1,4)} = \{2x, 2y, -1\}\Big|_{(2,1,4)} = \{4, 2, -1\}.$

所以,所求切平面方程为 $4(x-2)+2(y-1)-(z-4)=0$ 即 $4x+2y-z-6=0$,

所求法线方程为 $\dfrac{x-2}{4} = \dfrac{y-1}{2} = \dfrac{z-4}{-1}.$

(十一) 重积分的计算

【**解题方法**】 类似于一元函数的定积分的讨论,主要考虑多元函数的积分区域的不同类型.

例 8 - 13　求二重积分 $\iint\limits_D xy\mathrm{d}\sigma$,其中 D 是由直线 $y=-3, y=5$ 和 $x=1, x=2$ 所围成的矩形区域.

解:由于积分区域是矩形区域,我们有

$$\iint\limits_D xy\mathrm{d}\sigma = \int_1^2 \mathrm{d}x \int_{-3}^5 xy\mathrm{d}y = \int_1^2 \left[\int_{-3}^5 xy\mathrm{d}y\right]\mathrm{d}x = \int_1^2 \left(\frac{x}{2}y^2\right)\Big|_{-3}^5 \mathrm{d}x = \int_1^2 8x\mathrm{d}x = 12.$$

例 8 - 14　求重积分 $\iint\limits_D mxy\mathrm{d}\sigma$,其中 D 是由直线 $y=x, y=0$ 和 $x=2$ 所围成的区域.

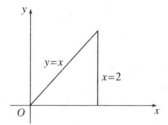

解:我们把积分区域看成是 x-型,有

$$\iint\limits_D mxy\mathrm{d}\sigma = \int_0^2 \mathrm{d}x \int_0^x mxy\mathrm{d}y = \int_0^2 \left[\int_0^x mxy\mathrm{d}y\right]\mathrm{d}x = \int_0^2 \left(m\frac{x}{2}y^2\right)\Big|_0^x \mathrm{d}x$$

$$= \int_0^2 \left(m\frac{x}{2}y^2\right)\Big|_0^x \mathrm{d}x = m\int_0^2 \frac{x^3}{2}\mathrm{d}x = m\frac{x^4}{8}\Big|_0^2 = 2m.$$

例 8 - 15　求重积分 $\iint\limits_D (-2)xy\mathrm{d}\sigma$,其中 D 是由直线 $y=x, y=0$ 和 $y=2-x$ 所围成的区域.

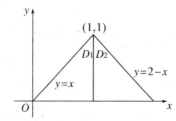

解:首先我们求出直线 $y=x$ 和 $y=2-x$ 的交点 $(1,1)$,把积分区域看成是由两个 x-型

区域合并而成,从而我们有

$$\iint\limits_{D_1}(-2)xy\,\mathrm{d}\sigma=\int_0^1\mathrm{d}x\int_0^x(-2)xy\,\mathrm{d}y=\int_0^1\Big[\int_0^x(-2)xy\,\mathrm{d}y\Big]\mathrm{d}x$$

$$=\int_0^1(-2)\Big(\frac{x}{2}y^2\Big)\Big|_0^x\mathrm{d}x=(-2)\int_0^1\frac{x^3}{2}\mathrm{d}x=(-2)\frac{x^4}{8}\Big|_0^1=-\frac{1}{4}.$$

$$\iint\limits_{D_2}(-2)xy\,\mathrm{d}\sigma=\int_1^2\mathrm{d}x\int_0^{2-x}(-2)xy\,\mathrm{d}y=\int_1^2\Big[\int_0^{2-x}(-2)xy\,\mathrm{d}y\Big]\mathrm{d}x$$

$$=\int_1^2(-2)\Big(\frac{x}{2}y^2\Big)\Big|_0^{2-x}\mathrm{d}x=\int_1^2(-2)\frac{x}{2}(2-x)^2\mathrm{d}x=-\frac{5}{12}.$$

所以$\iint\limits_{D}xy\,\mathrm{d}\sigma=\iint\limits_{D_1}xy\,\mathrm{d}\sigma+\iint\limits_{D_2}xy\,\mathrm{d}\sigma=-\frac{2}{3}.$

例 8 - 16 求重积分$\iint\limits_{D}xy\,\mathrm{d}\sigma$,其中 D 是由直线 $y=x,y=0$ 和 $x=2$ 所围成的区域(如下图).

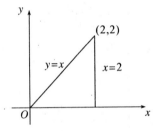

解:我们把积分区域看成是 y-型,有

$$\iint\limits_{D}xy\,\mathrm{d}\sigma=\int_0^2\mathrm{d}y\int_y^2xy\,\mathrm{d}x=\int_0^2\Big[\int_y^2xy\,\mathrm{d}x\Big]\mathrm{d}y=\int_0^2\Big(\frac{y}{2}x^2\Big)\Big|_y^2\mathrm{d}y=\int_0^2\frac{y}{2}(2^2-y^2)\mathrm{d}y=2.$$

例 8 - 17 求重积分$\iint\limits_{D}xy^2\,\mathrm{d}\sigma$,其中 D 是由直线 $y=x,y=0$ 和 $y=2-x$ 所围成的区域(如下图).

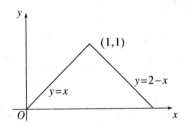

解:首先我们解出直线 $y=x$ 和 $y=2-x$ 的交点$(1,1)$,我们把积分区域看 y-型区域,从而我们有

$$\iint\limits_{D}xy^2\,\mathrm{d}\sigma=\int_0^1\mathrm{d}y\int_y^{2-y}xy^2\,\mathrm{d}x=\int_0^1\Big[\int_y^{2-y}xy^2\,\mathrm{d}x\Big]\mathrm{d}y=\int_0^1\Big(\frac{y^2}{2}x^2\Big)\Big|_y^{2-y}\mathrm{d}y$$

$$=\int_0^1\frac{y^2}{2}\big[(2-y)^2-y^2\big]\mathrm{d}y=\int_0^1y^2(2-2y)=\frac{1}{6}.$$

三、能力训练

（一）多元函数

1. 讨论下列二元函数的定义域，并在 xOy 面上画出定义域：

(1) $z=\dfrac{xy}{\sqrt{x^2+y^2-4}}$；

(2) $z=\sqrt{x^2+y^2-16}+\sqrt{x-y}$.

2. 求下列函数的极限：

(1) $\lim\limits_{\substack{x\to 0 \\ y\to 0}}\dfrac{2-\sqrt{xy+4}}{xy}$；

(2) $\lim\limits_{\substack{x\to 1 \\ y\to 0}}\dfrac{\ln(x+\mathrm{e}^y)}{x^2+y^2}$.

（二）多元函数偏导数

3. 求下列二元函数的偏导数：

(1) $z=xy^2+x\sin y+\mathrm{e}^{xy}$；

(2) $z=x^{5y}$；

(3) $z=x^3y^2-x^2y$；

(4) $s=\dfrac{u^3+v^5}{u^2v}$；

(5) $z=\sqrt{\ln(x^2 y)}$;

(6) $z=\sin(x^2 y)+\cos^3(x^2 y)$.

4. 求解下列各题：

(1) 设 $z=\sin(3x-y)+y$，求 $\dfrac{\partial z}{\partial x}\Big|_{\substack{x=2 \\ x=1}}$.

(2) 设 $f(x,y)=\sqrt{x^2+y^2}$，求 $f_y(0,1)$.

5. 已知 $z=5xy^3+3x^3 y+2y^2$，求 $\dfrac{\partial^2 z}{\partial x^2},\dfrac{\partial^2 z}{\partial y^2},\dfrac{\partial^2 z}{\partial x \partial y},\dfrac{\partial^2 z}{\partial y \partial x}$.

6. 求下列二元函数的二阶偏导数：

(1) $z=x^3+3y^2+2x^3 y^2$;

(2) $z=e^x \sin y$.

(三) 全微分

7. 求下列二元函数的全微分：

(1) $z=x^2-2y^3-2x^2y$；

(2) $z=xy+\dfrac{x}{y}$.

8. 求 $z=x^2y$ 当 $\Delta x=0.02,\Delta y=-0.01,x=2,y=-1$ 时的全增量与全微分.

(四) 复合函数与隐函数的偏导数

9. 已知 $z=\arcsin(x-y)$，其中 $x=3t,y=4t^3$，求全导数 $\dfrac{\mathrm{d}z}{\mathrm{d}t}$.

10. 求由下列方程所确定的隐函数的导数：

(1) $\sin y+e^x-xy^2=0$；

(2) $\ln\sqrt{x^2+y^2}=\arctan\dfrac{y}{x}$.

（五）多元函数的极值

11. 求下列函数的极值：

(1) $z = 8x^3 + y^3 - 6xy$；

(2) $z = 16x^4 + \dfrac{1}{2}y^3 - 32x^2 - 6y$.

（六）偏导数的几何应用

12. 求曲线 $x = t - \sin t, y = 1 - \cos t, z = 4\sin \dfrac{t}{2}$（$t$ 为参数）在点 $\left(\dfrac{\pi}{2} - 1, 1, 2\sqrt{2}\right)$ 处的切线与法平面方程.

13. 求曲线 $x = 3\cos\theta, y = 3\sin\theta, z = 4\theta$ 在点 $\left(\dfrac{3}{\sqrt{2}}, \dfrac{3}{\sqrt{2}}, \pi\right)$ 处的切线与法平面方程.

14. 求曲面 $z = 3x^2 - 5y^2$ 在点 $P(-1, -1, -2)$ 处的切平面和法线方程.

（七）重积分

15. $\iint\limits_{D}(x+y^2)\mathrm{d}\sigma$，其中 D 是由直线 $x=1,x=2,y=3,y=4$ 所围成的矩形区域.

16. $\iint\limits_{D}\dfrac{x^2}{y^2}\mathrm{d}\sigma$，其中 D 是由 $y=x,x=2,xy=1$ 所围成的平面区域.

17. $\iint\limits_{D}(x-y^2)\mathrm{d}\sigma$，其中 D 是由 $y=x,y=0,x=2$ 所围成的平面区域.

18. $\iint\limits_{D}xy\mathrm{d}\sigma$，其中 D 是由 $y^2=x$ 及 $y=x-2$ 所围成的平面区域.

第九章 无穷级数及其应用

一、知识点梳理

1. 常数项级数

(1) 定义：$\sum\limits_{n=1}^{+\infty} a_n = a_1 + a_2 + a_3 + \cdots + a_n + \cdots$ 称为常数项级数.

级数的部分和：$S_n = a_1 + a_2 + a_3 + \cdots + a_n$.

(2) 级数的收敛与发散

常数项级数收敛（发散）$\Leftrightarrow \lim\limits_{n\to\infty} S_n$ 存在（不存在）.

几何级数：$\sum\limits_{n=0}^{+\infty} q^n$，当 $|q| < 1$ 时收敛，且 $\sum\limits_{n=0}^{+\infty} q^n = \dfrac{1}{1-q}$；当 $|q| \geqslant 1$ 时发散.

(3) 级数收敛的性质

性质 1 设级数 $\sum\limits_{n=1}^{+\infty} a_n = A$，$k$ 是一个常数，则 $\sum\limits_{n=1}^{+\infty} ka_n = kA$.

性质 2 设级数 $\sum\limits_{n=1}^{+\infty} a_n = A$，级数 $\sum\limits_{n=1}^{+\infty} b_n = B$，则 $\sum\limits_{n=1}^{+\infty} (a_n \pm b_n) = A \pm B$.

推论 1 设级数 $\sum\limits_{n=1}^{+\infty} a_n = A$，级数 $\sum\limits_{n=1}^{+\infty} b_n$ 发散，则 $\sum\limits_{n=1}^{+\infty} (a_n \pm b_n)$ 发散.

性质 3 将级数的前面部分去掉或加上有限项，不会影响级数的敛散性，但在收敛时，一般来说级数的收敛的值是要改变的.

性质 4 收敛级数加括号后所成的级数仍然收敛于原来的和.

(4) 级数收敛的必要条件

定理 1 若 $\sum\limits_{n=1}^{+\infty} a_n$ 收敛，则 $\lim\limits_{n\to\infty} a_n = 0$.

推论 2 若 $\lim\limits_{n\to\infty} a_n \neq 0$，则级数 $\sum\limits_{n=1}^{+\infty} a_n$ 发散.

注意： 若 $\lim\limits_{n\to\infty} a_n = 0$，得不到级数 $\sum\limits_{n=1}^{+\infty} a_n$ 发散$\left(\text{例如调和级数} \sum\limits_{n=1}^{\infty} \dfrac{1}{n}\right)$.

2. 正项级数及其审敛法

(1) 若 $a_n \geqslant 0$，则称 $\sum\limits_{n=1}^{+\infty} a_n$ 为正项级数.

正项级数 $\sum\limits_{n=1}^{+\infty} a_n (a_n \geqslant 0)$ 收敛的充分必要条件：$\sum\limits_{n=1}^{+\infty} a_n$ 的部分和 s_n 为有界.

（2）比较审敛法

设有正项级数 $\sum\limits_{n=1}^{+\infty} a_n$ 和 $\sum\limits_{n=1}^{+\infty} b_n$，$a_n \leqslant b_n (n=1,2,\cdots)$，若级数 $\sum\limits_{n=1}^{+\infty} b_n$ 收敛，则级数 $\sum\limits_{n=1}^{+\infty} a_n$ 也收敛；若级数 $\sum\limits_{n=1}^{+\infty} a_n$ 发散，则级数 $\sum\limits_{n=1}^{+\infty} b_n$ 也发散.

比较审敛法的极限形式：设有正项级数 $\sum\limits_{n=1}^{+\infty} a_n$ 和 $\sum\limits_{n=1}^{+\infty} b_n$，若 $\lim\limits_{n\to\infty} \dfrac{a_n}{b_n} = k (0<k<+\infty)$，则级数 $\sum\limits_{n=1}^{+\infty} a_n$ 和 $\sum\limits_{n=1}^{+\infty} b_n$ 同时收敛或同时发散.

（3）比值审敛法

设正项级数 $\sum\limits_{n=1}^{+\infty} a_n$ 的后项与前项之比的极限为 $\lim\limits_{n\to\infty} \dfrac{a_{n+1}}{a_n} = l$，则当 $l<1$ 时，级数收敛；当 $l>1$ 时，级数发散；当 $l=1$ 时，级数可能收敛也可能发散.

3. p 级数及其审敛法

p 级数：$\sum\limits_{n=1}^{+\infty} \dfrac{1}{n^p} = 1 + \dfrac{1}{2^p} + \dfrac{1}{3^p} + \cdots (p$ 是常数$)$.

当 $p>1$ 时，p 级数收敛；当 $p\leqslant 1$ 时，p 级数发散.

4. 交错级数及其审敛法

交错级数：$\sum\limits_{n=1}^{+\infty} (-1)^{n-1} a_n = a_1 - a_2 + a_3 - a_4 + \cdots$（其中 $a_n > 0$）.

莱布尼兹定理：交错级数 $\sum\limits_{n=1}^{+\infty} (-1)^{n-1} a_n$（其中 $a_n > 0$）收敛，需满足下列条件：

（1）$a_n \geqslant a_{n+1}$；　　　　　　　　（2）$\lim\limits_{n\to+\infty} a_n = 0$.

5. 绝对收敛与条件收敛

设级数 $\sum\limits_{n=1}^{+\infty} a_n$，其中 a_n 为任意实数，其各项的绝对值组成正项级数为 $\sum\limits_{n=1}^{+\infty} |a_n|$.

若级数 $\sum\limits_{n=1}^{+\infty} |a_n|$ 收敛，则级数 $\sum\limits_{n=1}^{+\infty} a_n$ 也收敛，称级数 $\sum\limits_{n=1}^{+\infty} a_n$ 为绝对收敛级数.

若级数 $\sum\limits_{n=1}^{+\infty} a_n$ 收敛，而相应级数 $\sum\limits_{n=1}^{+\infty} |a_n|$ 发散，则称级数 $\sum\limits_{n=1}^{+\infty} a_n$ 为条件收敛级数.

6. 函数项级数

函数项级数：$\sum\limits_{n=1}^{+\infty} f_n(x) = f_1(x) + f_2(x) + \cdots$.

每一个值 x_0，函数项级数 $\sum\limits_{n=1}^{+\infty} f_n(x)$ 就变成了常数项级数 $\sum\limits_{n=1}^{+\infty} f_n(x_0)$.

收敛点：如果 $\sum\limits_{n=1}^{+\infty} f_n(x_0)$ 收敛，我们称点 x_0 是函数项级数的收敛点.

发散点：如果 $\sum\limits_{n=1}^{+\infty} f_n(x_0)$ 发散，我们称点 x_0 是函数项级数的发散点.

收敛域:函数项级数的所有收敛点集合叫作它的收敛域.

发散域:所有发散点的集合叫作它的发散域.

和函数:在收敛域上,函数项级数的和 $s_n(x)$ 叫作函数项级数的和函数.

7. 幂级数

幂级数: $\displaystyle\sum_{n=0}^{+\infty} a_n x^n = a_0 + a_1 x + a_2 x^2 + \cdots + a_n x^n + \cdots$,其中 $a_0, a_1, a_2, \cdots, a_n, \cdots$ 叫作幂级数的系数.

(1) 收敛半径:幂级数 $\displaystyle\sum_{n=0}^{+\infty} a_n x^n$,如果 $\displaystyle\lim_{n\to+\infty}\left|\frac{a_{n+1}}{a_n}\right| = l$,

则幂级数 $\displaystyle\sum_{n=0}^{+\infty} a_n x^n$ 的收敛半径为 $r = \begin{cases} \dfrac{1}{l} & l \neq 0 \\ +\infty & l = 0 \\ 0 & l = +\infty \end{cases}$.

(2) 幂级数的运算

加法:$\displaystyle\sum_{n=0}^{+\infty} a_n x^n + \sum_{n=0}^{+\infty} b_n x^n = \sum_{n=0}^{+\infty} (a_n + b_n) x^n$;

减法:$\displaystyle\sum_{n=0}^{+\infty} a_n x^n - \sum_{n=0}^{+\infty} b_n x^n = \sum_{n=0}^{+\infty} (a_n - b_n) x^n$;

乘法:$\displaystyle\sum_{n=0}^{+\infty} a_n x^n \cdot \sum_{n=0}^{+\infty} b_n x^n = a_0 b_0 + (a_0 b_1 + a_1 b_0) x + (a_0 b_2 + a_1 b_1 + a_2 b_0) x^2 + \cdots$
$$+ (a_0 b_n + a_1 b_{n-1} + \cdots + a_n b_0) x^n + \cdots;$$

除法:$\dfrac{\displaystyle\sum_{n=0}^{+\infty} a_n x^n}{\displaystyle\sum_{n=0}^{+\infty} b_n x^n} = c_0 + c_1 x + c_2 x^2 + \cdots + c_n x^n + \cdots$.

(3) 幂级数的展开

泰勒级数:$f(x) = f(a) + \dfrac{f'(a)}{1!}(x-a) + \dfrac{f''(a)}{2!}(x-a)^2 + \cdots + \dfrac{f^{(n)}(a)}{n!}(x-a)^n + \cdots$;

马克劳林级数:当 $a=0$ 时的泰勒级数;

常见函数展开式:

(a) $\sin x = \displaystyle\sum_{n=0}^{+\infty} (-1)^n \frac{x^{2n+1}}{(2n+1)!} = x - \frac{x^3}{3!} + \frac{x^5}{5!} - \frac{x^7}{7!} + \cdots$,其中 $-\infty < x < +\infty$;

(b) $\cos x = \displaystyle\sum_{n=0}^{+\infty} (-1)^n \frac{x^{2n}}{(2n)!} = 1 - \frac{x^2}{2!} + \frac{x^4}{4!} - \frac{x^6}{6!} + \cdots$,其中 $-\infty < x < +\infty$;

(c) $e^x = \displaystyle\sum_{n=0}^{+\infty} \frac{x^n}{n!} = 1 + \frac{x}{1!} + \frac{x^2}{2!} + \frac{x^3}{3!} + \cdots$,其中 $-\infty < x < +\infty$;

(d) $\arctan x = \displaystyle\sum_{n=0}^{+\infty} (-1)^n \frac{x^{2n+1}}{(2n+1)} = x - \frac{x^3}{3} + \frac{x^5}{5} - \frac{x^7}{7} + \cdots$,其中 $-1 < x \leqslant 1$;

(e) $\dfrac{1}{1+x} = \displaystyle\sum_{n=0}^{+\infty} (-1)^n x^n = 1 - x + x^2 - x^3 + \cdots$,其中 $-1 < x < 1$.

二、题型与解法

（一）判断常数项级数的敛散性

1. 利用定义判断

【**解题方法**】　常数项级数收敛(发散)$\Leftrightarrow \lim\limits_{n \to \infty} S_n$ 存在(不存在).

例 9-1　判断 $\sum\limits_{n=1}^{+\infty}(\sqrt{n+1}-\sqrt{n})$ 是否收敛?

解：由于 $S_n=(\sqrt{2}-1)+(\sqrt{3}-\sqrt{2})+\cdots+(\sqrt{n+1}-\sqrt{n})=\sqrt{n+1}-1$,

$\lim\limits_{n \to +\infty} S_n = \lim\limits_{n \to +\infty}(\sqrt{n+1}-1)=+\infty$(不存在)，所以 $\sum\limits_{n=1}^{+\infty}(\sqrt{n+1}-\sqrt{n})$ 发散.

例 9-2　判断 $\sum\limits_{n=1}^{\infty}\dfrac{2}{n(n+1)}$ 是否收敛?

解：由于 $S_n=\dfrac{2}{1\times 2}+\dfrac{2}{2\times 3}+\cdots+\dfrac{2}{n(n+1)}=2\left[\left(1-\dfrac{1}{2}\right)+\left(\dfrac{1}{2}-\dfrac{1}{3}\right)+\cdots+\left(\dfrac{1}{n}-\dfrac{1}{n+1}\right)\right]=2\left(1-\dfrac{1}{n+1}\right)$,

$\lim\limits_{n \to +\infty} S_n = \lim\limits_{n \to +\infty} 2\left(1-\dfrac{1}{n+1}\right)=2$，所以 $\sum\limits_{n=1}^{\infty}\dfrac{2}{n(n+1)}$ 收敛于 2.

2. 利用几何级数的敛散性条件判断

【**解题方法**】　几何级数 $\sum\limits_{n=0}^{+\infty}q^n$，当 $|q|<1$ 时收敛，且 $\sum\limits_{n=0}^{+\infty}q^n=\dfrac{1}{1-q}$；当 $|q|\geqslant 1$ 时发散.

例 9-3　判断 $\sum\limits_{n=1}^{+\infty}\dfrac{3^n}{4^n}$, $\sum\limits_{n=1}^{+\infty}2^n$ 是否收敛?

解：由于 $\sum\limits_{n=1}^{+\infty}\dfrac{3^n}{4^n}$ 是几何级数，且公比 $q=\dfrac{3}{4}$，满足 $|q|<1$，所以 $\sum\limits_{n=1}^{+\infty}\dfrac{3^n}{4^n}$ 收敛.

由于 $\sum\limits_{n=1}^{+\infty}2^n$ 是几何级数，且公比 $q=2$，满足 $|q|\geqslant 1$，所以 $\sum\limits_{n=1}^{+\infty}2^n$ 发散.

3. 利用级数收敛的性质判断

【**解题方法**】　(1) 若级数 $\sum\limits_{n=1}^{+\infty}a_n=A$，$k$ 是一个常数，则 $\sum\limits_{n=1}^{+\infty}ka_n=kA$.

(2) 若级数 $\sum\limits_{n=1}^{+\infty}a_n=A$，级数 $\sum\limits_{n=1}^{+\infty}b_n=B$，则 $\sum\limits_{n=1}^{+\infty}(a_n\pm b_n)=A\pm B$.

(3) 若级数 $\sum\limits_{n=1}^{+\infty}a_n=A$，级数 $\sum\limits_{n=1}^{+\infty}b_n$ 发散，则 $\sum\limits_{n=1}^{+\infty}(a_n\pm b_n)$ 发散. (性质 1、性质 2 及推论)

例 9-4　判断 $\sum\limits_{n=1}^{+\infty}\left(\dfrac{1}{2^n}+\dfrac{2^n}{3^n}\right)$ 是否收敛?

解：由于 $\sum\limits_{n=1}^{+\infty}\dfrac{1}{2^n}$ 和 $\sum\limits_{n=1}^{+\infty}\dfrac{2^n}{3^n}$ 都是公比 $|q|<1$ 的几何级数，因此均收敛.根据收敛级数的性质，$\sum\limits_{n=1}^{+\infty}\left(\dfrac{1}{2^n}+\dfrac{2^n}{3^n}\right)$ 收敛.

例 9 - 5 判断 $\sum\limits_{n=1}^{+\infty}\left(\dfrac{1}{5^n}+\dfrac{3^n}{2^n}\right)$ 是否收敛？

解：由于 $\sum\limits_{n=1}^{+\infty}\dfrac{1}{5^n}$ 是公比 $|q|<1$ 的几何级数，因此 $\sum\limits_{n=1}^{+\infty}\dfrac{1}{5^n}$ 收敛，由于 $\sum\limits_{n=1}^{+\infty}\dfrac{3^n}{2^n}$ 是公比 $|q|\geqslant$ 1 的几何级数，因此 $\sum\limits_{n=1}^{+\infty}\dfrac{3^n}{2^n}$ 发散，所以根据收敛级数的性质，$\sum\limits_{n=1}^{+\infty}\left(\dfrac{1}{5^n}+\dfrac{3^n}{2^n}\right)$ 发散.

4. 利用级数收敛的必要条件判断

【**解题方法**】 若 $\lim\limits_{n\to\infty}a_n\neq 0$，则级数 $\sum\limits_{n=1}^{+\infty}a_n$ 发散.

例 9 - 6 判断 $\sum\limits_{n=1}^{+\infty}\dfrac{7n}{9n+4}$ 是否收敛？

解：由于 $\lim\limits_{n\to\infty}\dfrac{7n}{9n+4}=\dfrac{7}{9}\neq 0$，所以 $\sum\limits_{n=1}^{+\infty}\dfrac{7n}{9n+4}$ 发散.

5. 利用 p 级数收敛的条件判断

【**解题方法**】 p 级数：$\sum\limits_{n=1}^{+\infty}\dfrac{1}{n^p}$ 当 $p>1$ 时，p 级数收敛；当 $p\leqslant 1$ 时，p 级数发散.

例 9 - 7 判断 $\sum\limits_{n=1}^{+\infty}\dfrac{1}{\sqrt[3]{n}}$、$\sum\limits_{n=1}^{+\infty}\dfrac{1}{\sqrt[2]{n^3}}$ 是否收敛？

解：由于 $\sum\limits_{n=1}^{+\infty}\dfrac{1}{\sqrt[3]{n}}=\sum\limits_{n=1}^{+\infty}\dfrac{1}{n^{\frac{1}{3}}}$，$p=\dfrac{1}{3}\leqslant 1$，所以 $\sum\limits_{n=1}^{+\infty}\dfrac{1}{\sqrt[3]{n}}$ 发散.

$\sum\limits_{n=1}^{+\infty}\dfrac{1}{\sqrt[2]{n^3}}=\sum\limits_{n=1}^{+\infty}\dfrac{1}{n^{\frac{3}{2}}}$，$p=\dfrac{3}{2}>1$，所以 $\sum\limits_{n=1}^{+\infty}\dfrac{1}{\sqrt[2]{n^3}}$ 收敛.

(二) 判断正项级数的敛散性

1. 比较判别法

【**解题方法**】 正项级数 $\sum\limits_{n=1}^{+\infty}a_n$ 和 $\sum\limits_{n=1}^{+\infty}b_n$，若 $\lim\limits_{n\to\infty}\dfrac{a_n}{b_n}=k(0<k<+\infty)$，则级数 $\sum\limits_{n=1}^{+\infty}a_n$ 和 $\sum\limits_{n=1}^{+\infty}b_n$ 敛散性相同.

例 9 - 8 判断 $\sum\limits_{n=1}^{+\infty}\dfrac{1}{\sqrt{n^3+2n}}$ 的敛散性.

解：由于 $\lim\limits_{n\to\infty}\dfrac{\dfrac{1}{\sqrt{n^3+2n}}}{\dfrac{1}{\sqrt{n^3}}}=\lim\limits_{n\to\infty}\dfrac{\sqrt{n^3}}{\sqrt{n^3+2n}}=1$，而级数 $\sum\limits_{n=1}^{+\infty}\dfrac{1}{\sqrt{n^3}}=\sum\limits_{n=1}^{+\infty}\dfrac{1}{n^{\frac{3}{2}}}$ 是收敛的，所

以 $\sum\limits_{n=1}^{+\infty}\dfrac{1}{\sqrt{n^3+2n}}$ 是收敛的.

例 9 - 9　判断 $\sum\limits_{n=1}^{+\infty}\dfrac{1}{\sqrt[3]{n^2-3}}$ 的敛散性.

解：由于 $\lim\limits_{n\to+\infty}\dfrac{\dfrac{1}{\sqrt[3]{n^2-3}}}{\dfrac{1}{\sqrt[3]{n^2}}}=\lim\limits_{n\to+\infty}\dfrac{\sqrt[3]{n^2}}{\sqrt[3]{n^2-3}}=1$，而级数 $\sum\limits_{n=1}^{+\infty}\dfrac{1}{\sqrt[3]{n^2}}=\sum\limits_{n=1}^{+\infty}\dfrac{1}{n^{\frac{2}{3}}}$ 是发散的，所以

$\sum\limits_{n=1}^{+\infty}\dfrac{1}{\sqrt[3]{n^2-3}}$ 是发散的.

2. 比值判别法

【**解题方法**】　正项级数 $\sum\limits_{n=1}^{+\infty}a_n$ 的后项与前项之比的极限为 $\lim\limits_{n\to\infty}\dfrac{a_{n+1}}{a_n}=l$，则当 $l<1$ 时，

级数收敛；当 $l>1$ 时，级数发散；当 $l=1$ 时，级数可能收敛也可能发散.

例 9 - 10　判断 $\sum\limits_{n=1}^{+\infty}\dfrac{n^2}{2^n}$ 的敛散性.

解：由于 $\lim\limits_{n\to\infty}\dfrac{a_{n+1}}{a_n}=\lim\limits_{n\to\infty}\dfrac{\dfrac{(n+1)^2}{2^{n+1}}}{\dfrac{n^2}{2^n}}=\lim\limits_{n\to\infty}\dfrac{(n+1)^2}{2n^2}=\dfrac{1}{2}<1$，所以 $\sum\limits_{n=1}^{+\infty}\dfrac{n^2}{2^n}$ 收敛.

（三）判断交错级数的敛散性

【**解题方法**】　莱布尼兹定理：交错级数 $\sum\limits_{n=1}^{+\infty}(-1)^{n-1}a_n$（其中 $a_n>0$）收敛，需满足下

列条件：

(1) $a_n\geqslant a_{n+1}$；　　　　　(2) $\lim\limits_{n\to+\infty}a_n=0$.

例 9 - 11　判断 $\sum\limits_{n=1}^{+\infty}(-1)^{n-1}\dfrac{1}{n^2}$ 的敛散性.

解：$a_n=\dfrac{1}{n^2}$，满足条件：(1) $\dfrac{1}{n^2}>\dfrac{1}{(n+1)^2}$；(2) $\lim\limits_{n\to+\infty}\dfrac{1}{n^2}=0$，所以级数 $\sum\limits_{n=1}^{+\infty}(-1)^{n-1}\dfrac{1}{n^2}$ 是

收敛的.

（四）判断级数的绝对收敛与条件收敛

【**解题方法**】　若级数 $\sum\limits_{n=1}^{+\infty}|a_n|$ 收敛，则级数 $\sum\limits_{n=1}^{+\infty}a_n$ 也收敛，称级数 $\sum\limits_{n=1}^{+\infty}a_n$ 为绝对收敛

级数.

若级数 $\sum\limits_{n=1}^{+\infty}a_n$ 收敛，而级数 $\sum\limits_{n=1}^{+\infty}|a_n|$ 发散，则称级数 $\sum\limits_{n=1}^{+\infty}a_n$ 为条件收敛级数.

例 9 - 12 判断 $\sum\limits_{n=1}^{+\infty} (-1)^{n-1} \dfrac{1}{n^2}$ 是绝对收敛、条件收敛还是发散的.

解：$\sum\limits_{n=1}^{+\infty} |a_n| = \sum\limits_{n=1}^{+\infty} \dfrac{1}{n^2}$ 是 $p = 2$ 的 p 级数，是收敛的，所以 $\sum\limits_{n=1}^{+\infty} (-1)^{n-1} \dfrac{1}{n^2}$ 绝对收敛.

例 9 - 13 判断 $\sum\limits_{n=1}^{+\infty} (-1)^{n-1} \dfrac{1}{\sqrt{n}}$ 是绝对收敛、条件收敛还是发散的.

解：$\sum\limits_{n=1}^{+\infty} |a_n| = \sum\limits_{n=1}^{+\infty} \dfrac{1}{\sqrt{n}}$ 是 $p = \dfrac{1}{2}$ 的 p 级数，是发散的.

而 $\sum\limits_{n=1}^{+\infty} (-1)^{n-1} \dfrac{1}{\sqrt{n}}$ 是交错级数，$a_n = \dfrac{1}{\sqrt{n}}$，满足条件：(1) $\dfrac{1}{\sqrt{n}} > \dfrac{1}{\sqrt{n+1}}$；(2) $\lim\limits_{n \to +\infty} \dfrac{1}{\sqrt{n}} = 0$.

所以级数 $\sum\limits_{n=1}^{+\infty} (-1)^{n-1} \dfrac{1}{\sqrt{n}}$ 是条件收敛的.

（五）求幂级数收敛域

【解题方法】 幂级数 $\sum\limits_{n=0}^{+\infty} a_n x^n$，如果 $\lim\limits_{n \to +\infty} \left| \dfrac{a_{n+1}}{a_n} \right| = l$，则幂级数 $\sum\limits_{n=0}^{+\infty} a_n x^n$ 的收敛半径为

$$r = \begin{cases} \dfrac{1}{l} & l \neq 0 \\ +\infty & l = 0 \\ 0 & l = +\infty \end{cases}.$$

例 9 - 14 求幂级数 $\sum\limits_{n=1}^{+\infty} \dfrac{1}{n} x^n$ 的收敛半径和收敛区间.

解：因为 $\lim\limits_{n \to +\infty} \left| \dfrac{a_{n+1}}{a_n} \right| = \lim\limits_{n \to +\infty} \dfrac{\frac{1}{n+1}}{\frac{1}{n}} = \lim\limits_{n \to +\infty} \dfrac{n}{n+1} = 1$，

所以收敛半径 $r = 1$.

当 $x = 1$ 时，$\sum\limits_{n=1}^{+\infty} \dfrac{1}{n} x^n = \sum\limits_{n=1}^{+\infty} \dfrac{1}{n}$，为调和级数，发散.

当 $x = -1$ 时，$\sum\limits_{n=1}^{+\infty} \dfrac{1}{n} x^n = \sum\limits_{n=1}^{+\infty} (-1)^n \dfrac{1}{n}$，为交错级数，根据莱布尼兹定理，级数收敛.

所以 $\sum\limits_{n=1}^{+\infty} \dfrac{1}{n} x^n$ 的收敛域为 $[-1, 1)$.

（六）将函数展开成幂级数

【解题方法】 常见函数展开式：$\sin x = \sum\limits_{n=0}^{+\infty} (-1)^n \dfrac{x^{2n+1}}{(2n+1)!}$，

$$\cos x = \sum_{n=0}^{+\infty} (-1)^n \frac{x^{2n}}{(2n)!}, \mathrm{e}^x = \sum_{n=0}^{+\infty} \frac{x^n}{n!},$$

$$\arctan x = \sum_{n=0}^{+\infty} (-1)^n \frac{x^{2n+1}}{(2n+1)} (-1 < x \leqslant 1), \frac{1}{1+x} = \sum_{n=0}^{+\infty} (-1)^n x^n (-1 < x < 1).$$

例 9 - 15 将函数 $f(x) = \sin 2x$ 展开成 x 的幂级数.

解: 因为 $\sin x = \sum_{n=0}^{+\infty} (-1)^n \frac{x^{2n+1}}{(2n+1)!}$，所以 $\sin 2x = \sum_{n=0}^{+\infty} (-1)^n \frac{(2x)^{2n+1}}{(2n+1)!} =$

$\sum_{n=0}^{+\infty} (-1)^n \frac{2 \cdot 4^n}{(2n+1)!} x^{2n+1}.$

例 9 - 16 将函数 $f(x) = \frac{1}{1-2x}$ 展开成 x 的幂级数.

解: 因为 $\frac{1}{1+x} = \sum_{n=0}^{+\infty} (-1)^n x^n$，所以 $f(x) = \frac{1}{1-2x} = \sum_{n=0}^{+\infty} (2x)^n = \sum_{n=0}^{+\infty} 2^n x^n, -\frac{1}{2} < x$

$< \frac{1}{2}.$

例 9 - 17 将函数 $f(x) = \frac{1}{2+x}$ 展开成 x 的幂级数.

解: $f(x) = \frac{1}{2+x} = \frac{1}{2} \cdot \frac{1}{1+\frac{x}{2}} = \frac{1}{2} \sum_{n=0}^{+\infty} \left(-\frac{x}{2}\right)^n = \sum_{n=0}^{+\infty} (-1)^n \frac{x^n}{2^{n+1}}, -2 < x < 2.$

三、能力训练

(一) 常数项级数的敛散性

1. 数项级数 $\sum_{n=1}^{+\infty} a_n = 8$，则 $\lim_{n \to +\infty} a_n =$ _____， $\lim_{n \to +\infty} S_n =$ _____.

2. 已知级数 $\sum_{n=1}^{+\infty} a_n$ 的部分和 $S_n = \frac{n}{2n+1}$，则 $\sum_{n=1}^{+\infty} a_n =$ _____， $\lim_{n \to +\infty} a_n =$ _____.

3. 几何级数 $\sum_{n=0}^{\infty} aq^n, a \neq 0$，当_____时级数收敛；当_____时级数发散.

4. 无穷级数 $\sum_{n=1}^{+\infty} \frac{3}{n(n+1)}$ 是否收敛？如果收敛，求其值.

5. 无穷级数 $\sum\limits_{n=1}^{+\infty} \dfrac{1}{(2n-1)(2n+1)}$ 是否收敛? 如果收敛, 求其值.

6. 无穷级数 $\sum\limits_{n=1}^{+\infty} (\sqrt{n} - \sqrt{n-1})$ 是否收敛? 如果收敛, 求其值; 如果不收敛, 说明理由.

7. 级数 $\sum\limits_{n=1}^{\infty} \left(\dfrac{1}{2^n} + \dfrac{3}{n(n+1)} \right)$ 是否收敛? 为什么?

8. 级数 $\sum\limits_{n=1}^{+\infty} a_n = 2$, 级数 $\sum\limits_{n=1}^{+\infty} b_n = 4$, 求:

(1) 级数 $\sum\limits_{n=1}^{+\infty} 5a_n$;

(2) 级数 $\sum\limits_{n=1}^{+\infty} (2a_n - 3b_n)$;

(3) 级数 $\sum\limits_{n=1}^{+\infty} (5a_n - b_n)$;

(4) 级数 $\sum\limits_{n=1}^{+\infty} (3a_n + 5b_n)$.

9. 无穷级数 $\displaystyle\sum_{n=1}^{+\infty}\frac{1}{n(n+2)}$ 是否收敛? 如果收敛,求其值.

10. 证明 $\displaystyle\sum_{n=1}^{\infty}\frac{3+(-1)^n}{2^n}$ 收敛.

(二) 正项级数的敛散性

11. $\displaystyle\sum_{n=1}^{+\infty}\frac{1}{2n+1}$.

12. $\displaystyle\sum_{n=1}^{+\infty}\frac{n+2}{n^2(n+1)}$.

13. $\displaystyle\sum_{n=1}^{+\infty}\frac{n}{1+n^3}$.

14. $\displaystyle\sum_{n=1}^{+\infty}\frac{1}{\sqrt{n^3+1}}$.

15. $\displaystyle\sum_{n=1}^{+\infty}\frac{1}{(5n-1)(5n+1)}$.

16. $\displaystyle\sum_{n=1}^{+\infty}\frac{n^5}{5^n}$.

17. $\sum\limits_{n=1}^{+\infty} \dfrac{2^n}{n(n+1)}$.

18. $\sum\limits_{n=1}^{\infty} \dfrac{3^n}{n^2 \cdot 2^n}$.

19. $\sum\limits_{n=1}^{+\infty} \dfrac{n^5}{5^n}$.

20. $\sum\limits_{n=1}^{+\infty} \dfrac{n!}{n^2}$.

(三) 绝对收敛和条件收敛

21. $\sum\limits_{n=1}^{+\infty} (-1)^n \dfrac{1}{n+1}$.

22. $\sum\limits_{n=1}^{\infty} (-1)^n \dfrac{1}{n^3}$.

23. $\sum\limits_{n=0}^{\infty} (-1)^n \dfrac{2^n}{3^n}$.

24. $\sum\limits_{n=1}^{\infty} (-1)^n \dfrac{1}{2n-1}$.

（四）幂级数

25. 讨论下列函数项级数的收敛域：

(1) $\sum\limits_{n=1}^{+\infty} \dfrac{3^n}{n} x^n$；

(2) $\sum\limits_{n=1}^{+\infty} (-1)^{n-1} \dfrac{x^n}{n}$；

(3) $\sum\limits_{n=1}^{+\infty} n x^n$；

(4) $\sum\limits_{n=1}^{+\infty} \dfrac{x^n}{n \cdot 3^n}$；

(5) $\sum\limits_{n=1}^{+\infty} n! \, x^n$；

(6) $\sum\limits_{n=1}^{+\infty} \dfrac{x^n}{n!}$.

26. 将函数 $f(x) = \cos 3x$ 展开成 x 的幂级数.

27. 将函数 $f(x)=\dfrac{1}{1+3x}$ 展开成 x 的幂级数.

28. 将函数 $f(x)=\dfrac{1}{3-x}$ 展开成 x 的幂级数.

第十章　常微分方程及其应用

一、知识点梳理

1. 微分方程的基本概念

(1) 微分方程的定义:含有自变量、未知函数以及未知函数的导数(或微分)的方程.

(2) 微分方程的阶:微分方程中未知函数的导数(或微分)的最高阶数.

(3) 微分方程的解.

① 解:代入微分方程能使该方程成为恒等式的函数.

② 通解:含有独立的任意常数且个数等于方程的阶数的微分方程的解.

③ 特解:不含任意常数的微分方程的解.

④ 定解条件:确定通解中任意常数的条件,其个数应等于微分方程的阶数.

2. 微分方程的类型及解法

(1) 可分离变量的微分方程.

① 方程的标准形式:

$$g(y)\mathrm{d}y = f(x)\mathrm{d}x.$$

②解法:两边分别对 x,y 积分

$$\int g(y)\mathrm{d}y = \int f(x)\mathrm{d}x.$$

(2) 可降解的高阶微分方程.

① 方程的标准形式:

$$y^{(n)} = f(x).$$

②解法:连续积分 n 次,通解中含 n 个任意常数.

(3) 一阶线性齐次微分方程.

① 方程的标准形式:

$$y' + P(x)y = 0 \text{ 或者} \frac{\mathrm{d}y}{\mathrm{d}x} + P(x)y = 0.$$

② 解法:它实际是可分离变量的微分方程,分离变量后,得 $\dfrac{\mathrm{d}y}{y} = -P(x)\mathrm{d}x$,

通解为 $y = C\mathrm{e}^{-\int P(x)\mathrm{d}x}$.

(4) 一阶线性非齐次微分方程.

① 方程的标准形式:

$$y' + P(x)y = Q(x).$$

② 解法:直接代入公式 $y = \mathrm{e}^{-\int P(x)\mathrm{d}x}\left[\int Q(x)\mathrm{e}^{\int P(x)\mathrm{d}x}\mathrm{d}x + C\right]$ 求通解.

(5) 伯努利(Bernoulli)方程

① 方程的标准形式:

$$\frac{\mathrm{d}y}{\mathrm{d}x}+p(x)y=f(x)y^n(n\neq 0,1).$$

② 解法:设 $z=y^{1-n}$,则

$$\frac{\mathrm{d}z}{\mathrm{d}x}+(1-n)p(x)z=(1-n)f(x).$$

这样,就把伯努利方程化成以 z 为未知函数的一阶线性微分方程.

(6) 二阶常系数齐次线性微分方程

① 方程的标准形式:

$$y''+py'+qy=0.$$

② 解法:先求出特征方程 $r^2+pr+q=0$,再求出特征根 r_1,r_2,根据特征根的不同情形,写出通解.

当 $r_1\neq r_2$,微分方程 $y''+py'+qy=0$ 的通解是 $y=C_1\mathrm{e}^{r_1x}+C_2\mathrm{e}^{r_2x}$;

当 $r_1=r_2=r$,微分方程 $y''+py'+qy=0$ 的通解是 $y=(C_1+C_2x)\mathrm{e}^{rx}$;

当 $r_1=\alpha+\mathrm{i}\beta,r_2=\alpha-\mathrm{i}\beta$,微分方程 $y''+py'+qy=0$ 的通解是 $y=\mathrm{e}^{\alpha x}(C_1\cos\beta x+C_2\sin\beta x)$.

(7) 二阶常系数非齐次线性微分方程

① 方程的标准形式:

$$y''+py'+qy=f(x).$$

② 解法:先求出与它对应的齐次方程 $y''+py'+qy=0$ 的通解 Y 和二阶非齐次线性微分方程的一个特解 $\bar{y}$,即可得到它的通解 $y=\bar{y}+Y$.

(a) $y''+py'+qy=P_n(x)$.

(i) 当 $q\neq 0$ 时,方程的特解仍是一个 n 次多项式,记作 $\bar{y}=Q_n(x)$;

(ii) 当 $q=0$ 而 $p\neq 0$ 时,方程的特解是一个 $n+1$ 次多项式,记作 $\bar{y}=Q_{n+1}(x)$;

(iii) 当 $p=q=0$ 时,方程的特解是一个 $n+2$ 次多项式,记作 $\bar{y}=Q_{n+2}(x)$.

(b) $y''+py'+qy=P_n(x)\mathrm{e}^{\lambda x}$.

方程的特解形式为 $\bar{y}=x^kQ_n(x)\mathrm{e}^{\lambda x}$.

(i) 当 λ 不是对应的齐次方程的特征根时,$k=0$;

(ii) 当 λ 是对应的齐次方程的特征方程的单根时,取 $k=1$;

(iii) 当 λ 是对应的齐次方程的特征方程的重根时,取 $k=2$.

(c) $y''+py'+qy=a\cos\omega x+b\sin\omega x$.

方程的特解形式为 $\bar{y}=x^k(A\cos\omega x+B\sin\omega x)$.

(i) 当 $\pm\omega\mathrm{i}$ 不是对应齐次方程的特征根时,$k=0$;

(ii) 当 $\pm\omega\mathrm{i}$ 是对应齐次方程的特征根时,$k=1$.

二、题型与解法

（一）微分方程的概念

1. 指出给定微分方程的阶数及是否线性

例 10-1　指出下列微分方程的阶数,并回答方程是否为线性方程.

(1) $\dfrac{\mathrm{d}y}{\mathrm{d}x}=y^2+x^5$；(2) $y^{(4)}-2x^2y'''+x^3y''=0$.

解:(1) 一阶,非线性;(2) 四阶,线性.

2. 验证某方程的通解、特解

例 10-2　验证给出的函数是相应微分方程的解.

$$5y'=3x^2+5x,\quad y=\frac{x^3}{5}+\frac{x^2}{2}+C$$

解:因为 $y=\dfrac{x^3}{5}+\dfrac{x^2}{2}+C$,所以 $y'=\dfrac{3}{5}x^2+x$,

左边 $=5y'=5\left(\dfrac{3}{5}x^2+x\right)=3x^2+5x=$ 右边,

从而 $y=\dfrac{x^3}{5}+\dfrac{x^2}{2}+C$ 是方程 $5y'=3x^2+5x$ 的解.

（二）可分离变量的微分方程

【解题方法】　将所有含有 x 的项放在一边,所有含有 y 的项放在另一边,两边同时积分.

例 10-3　求下列微分方程的通解:

(1) $y'=3(x-1)^2(1+y^2)$；(2) $x(y^2-1)\mathrm{d}x+y(x^2-1)\mathrm{d}y=0$.

解:(1) 分离变量得 $\dfrac{1}{1+y^2}\mathrm{d}y=3(1-x^2)\mathrm{d}x$,

两端积分 $\displaystyle\int\frac{1}{1+y^2}\mathrm{d}y=\int 3(1-x^2)\mathrm{d}x$,

则原方程的通解为 $\arctan y=3\left(x-\dfrac{1}{3}x^3\right)+C$.

(2) 当 $(x^2-1)(y^2-1)\neq 0$ 时,有 $\dfrac{y}{1-y^2}\mathrm{d}y=\dfrac{x}{x^2-1}\mathrm{d}x$.

两边积分得 $\ln|x^2-1|+\ln|y^2-1|=\ln|C|(C\neq 0)$,

所以 $(x^2-1)(y^2-1)=C(C\neq 0)$.

当 $(x^2-1)(y^2-1)=0$ 时,也是原方程的解.

综上所述,原方程的通解为 $(x^2-1)(y^2-1)=C(C$ 为常数$)$.

(三) 可降解的微分方程

【**解题方法**】 $y^{(n)}=f(x)$ 型可降阶方程，利用连续积分求解.

例 10-4 求 $y'''=xe^x$ 的通解.

解：因为 $y'''=xe^x$，

$$y''=\int xe^x dx = e^x(x-1)+C_1 (分部积分法)，$$

$$y'=\int [e^x(x-1)+C_1]dx = e^x(x-1)-e^x+C_2+C_1x=e^xx-2e^x+C_1x+C_2，$$

$$y=\int (e^xx-2e^x+C_1x+C_2)dx = e^x(x-1)-2e^x+\frac{C_1}{2}x^2+C_2x+C_3.$$

(四) 一阶线性微分方程

例 10-5 求方程 $y'+2y=e^{3x}$ 的通解.

解：由题意可知 $P(x)=2, Q(x)=e^{3x}$，

利用通解公式有：$y=e^{-\int 2dx}\left[\int e^{3x}\cdot e^{\int 2dx}dx+C\right]$

$$=e^{-2x}\left[\int e^{3x}\cdot e^{2x}dx+C\right]$$

$$=e^{-2x}\left[\frac{1}{5}\int e^{5x}d(5x)+C\right]$$

$$=\frac{1}{5}e^{3x}+Ce^{-2x}.$$

例 10-6 求方程 $\dfrac{dy}{dx}+\dfrac{1}{x}y=x^2y^6$ 的通解.

【**解题方法**】 伯努利方程可转换为一阶线性方程求解.

解：令 $z=y^{-5}$，

则 $\dfrac{dz}{dx}=-5y^{-6}\dfrac{dy}{dx}, \dfrac{dy}{dx}=-\dfrac{1}{5y^{-6}}\dfrac{dz}{dx}.$

代入原方程有 $\dfrac{dz}{dx}-\dfrac{5}{x}z=-5x^2$（化为一阶线性微分方程），

则有 $P(x)=-\dfrac{5}{x}, Q(x)=-5x^2.$

所以 $z=e^{\int \frac{5}{x}dx}\left(\int -5x^2 e^{-\int \frac{5}{x}dx}dx+C\right)=e^{-5\ln x}\left(-5\int x^2 e^{-5\ln x}dx+C\right)$

$$=x^5\left(-5\int \frac{1}{x^3}dx+C\right)=x^5\left(\frac{5}{2x^2}+C\right)=\frac{5}{2}x^3+Cx^5，$$

所以 $y^{-5}=\dfrac{5}{2}x^3+Cx^5.$

（五）二阶常系数齐次线性微分方程

例 10 - 7　求微分方程 $y''+y'-2y=0$ 的通解.

解: 特征方程 $r^2+r-2=0$,

$(r-1)(r+2)=0$,

特征根 $r_1=1,r_2=-2$,

通解为 $y=C_1 e^x+C_2 e^{-2x}$.

（六）二阶常系数非齐次线性微分方程

例 10 - 8　求方程 $y''+5y'+4y=3-2x$ 的通解.

解: 对应的其次方程为 $y''+5y'+4y=0$,

特征方程 $r^2+5r+4=0$,

$(r+1)(r+4)=0$,

特征根 $r_1=-1,r_2=-4$.

齐次方程的通解为 $y=C_1 e^{-x}+C_2 e^{-4x}$.

因为 $f(x)=3-2x,p\neq0,q\neq0$,所以可设其特解 $\bar{y}=Ax+B$.

有 $\bar{y}'=A,\bar{y}''=0$.

代入原方程比较系数:$5A+4(Ax+B)=3-2x$,

即 $5A+4B+4Ax=3-2x$,

进行系数比较有 $\begin{cases}4A=-2 \\ 5A+4B=3\end{cases}$.

解得 $A=-\dfrac{1}{2},B=\dfrac{11}{8}$,

因而 $\bar{y}=-\dfrac{1}{2}x+\dfrac{11}{8}$,

所以通解为 $y=\bar{y}+Y=-\dfrac{1}{2}x+\dfrac{11}{8}+C_1 e^{-x}+C_2 e^{-4x}$.

例 10 - 9　求方程 $2y''+y'-y=2e^x$ 的通解.

解: 对应的其次方程为 $2y''+y'-y=0$,

特征方程 $2r^2+r-1=0$,

$(r+1)(2r-1)=0$,

特征根 $r_1=-1,r_2=\dfrac{1}{2}$.

齐次方程的通解为 $y=C_1 e^{-x}+C_2 e^{\frac{1}{2}x}$.

因为 $f(x)=2e^x,\lambda=1$ 不是特征根,则令 $\bar{y}=Ae^x$,

有 $\bar{y}''=Ae^x,\bar{y}'=Ae^x$.

代入原方程比较系数有 $2Ae^x+Ae^x-Ae^x=2e^x$,所以 $A=1$,则 $\bar{y}=e^x$,

所以原方程的通解为 $y=\bar{y}+Y=e^x+C_1e^{-x}+C_2e^{\frac{1}{2}x}$.

三、能力训练

(一) 微分方程的概念

1. 选择题

(1) 以下方程不是微分方程的是( ).

    A. $dy-ydx=0$ B. $x^2=2y+x$

    C. $xdy+y^2\sin xdx=0$ D. $\dfrac{d^2y}{dt^2}+3y^2=e^{2t}$

(2) 以下微分方程为二阶微分方程的是( ).

    A. $y''+y'=3x$ B. $dy=\dfrac{y}{x+y^2}dx$

    C. $xy'''-(y')^2=0$ D. $(y')^2-2y'+x^2=0$

2. 填空题

(1) 微分方程 $x^2y''+xy'+4=0$ 的阶是＿＿＿＿＿＿.

(2) 微分方程 $x\dfrac{d^2y}{dx^2}+y\left(\dfrac{dy}{dx}\right)^3+xy^4=x$ 的阶是＿＿＿＿＿＿.

3. 判断下列函数是否是相应微分方程的解,是通解还是特解?

(1) 微分方程 $xy'=2y$,函数 $y=Cx^2$ 与 $y=x^2$.

(2) 微分方程 $\dfrac{dy}{dx}=2y$,函数 $y=e^x$ 与 $y=Ce^{2x}$.

(3) 微分方程 $y''=-y$,函数 $y=\sin x$ 与 $y=3\sin x-4\cos x$.

4. 求微分方程 $\dfrac{\mathrm{d}y}{\mathrm{d}x}=\cos x$ 满足初始条件 $y|_{x=0}=2$ 的特解.

（二）分离变量法、降阶法

5. 填空题

(1) 微分方程 $\dfrac{\mathrm{d}y}{\mathrm{d}x}=xy$ 的通解是 _____.

(2) 微分方程 $y'+\cos^2 y\sin x=0$ 的通解是 _____.

6. 解下列微分方程：

(1) $y'=\mathrm{e}^{x-2y}$;

(2) $\mathrm{d}y=y\mathrm{d}x$;

(3) $2x\sin y\mathrm{d}x-(x^2+1)\cos y\mathrm{d}y=0, y|_{x=0}=\dfrac{\pi}{6}$;

(4) $x(y^2-1)\mathrm{d}x+y(x^2-1)\mathrm{d}y=0, y|_{x=2}=2.$

7. 求微分方程 $y'''=3x^2+1$ 的通解.

8. 求微分方程 $y''=\sin x$ 的通解.

9. 已知放射性物质镭的衰变速度与该时刻现有存量镭成正比,由经验得知,镭经过 1600 年后只余原始量 R_0 的一半,试求镭的量 R 与时间 t 的函数关系.

(三) 一阶线性微分方程

10. 求微分方程 $y'+2y=0$ 的通解.

11. 求微分方程 $y'+2y=1$ 的通解.

12. 求微分方程 $y'+2xy=2x$ 的通解.

13. 已知一曲线通过坐标原点,并且它在点 (x,y) 处的切线斜率等于 $2+y$,求该曲线的方程.

(四) 二阶常系数齐次线性微分方程

14. 填空题
(1) 微分方程 $y''-2y'+y=0$ 的特征方程是_____.
(2) 微分方程 $y''+2y'+3y=0$ 的特征方程是_____.
(3) 若 $y_1=e^{2x}$,$y_2=e^{3x}$ 为二阶常系数齐次线性微分方程的解,则该微分方程为_____
_____,其通解为_____.

15. 求微分方程 $y''-5y'-6y=0$ 的通解.

16. 求微分方程 $y''-10y'+25y=0$ 的通解.

17. 求微分方程 $y'' - 3y' - 4y = 0$ 的通解,并求满足条件 $y|_{x=0} = 0$,$y'|_{x=0} = -5$ 的特解.

(五) 二阶常系数线性非齐次微分方程

18. 求下列方程的一个特解:
(1) $y'' + 2y' + 5y = 5x + 2$;

(2) $2y'' + y' - y = 2e^x$;

(3) $y'' + 3y = 2\sin x$.

19. 求下列方程的通解:
(1) $y'' - 2y' - 3y = 3x + 1$;

(2) $y'' - y' + \dfrac{1}{4}y = 5e^{\frac{x}{2}}$.

20. 求下列方程的特解：

$4y'' + 16y' + 15y = 4e^{-\frac{3}{2}x}, y\big|_{x=0} = 3, y'\big|_{x=0} = -5.5$.

第十一章　线性代数及其应用

一、知识点梳理

1. 二、三阶行列式

二阶行列式 $\begin{vmatrix} a_{11} & a_{12} \\ a_{21} & a_{22} \end{vmatrix} = a_{11}a_{22} - a_{12}a_{21}$.

三阶行列式 $\begin{vmatrix} a_{11} & a_{12} & a_{13} \\ a_{21} & a_{22} & a_{23} \\ a_{31} & a_{32} & a_{33} \end{vmatrix} = a_{11}a_{22}a_{33} + a_{12}a_{23}a_{31} + a_{21}a_{32}a_{13} - (a_{13}a_{22}a_{31} + a_{12}a_{21}a_{33}$

$+ a_{11}a_{23}a_{32})$.

2. n 阶行列式

n 阶行列式由 n 行和 n 列共 n^2 个元素构成的,形如 $\begin{vmatrix} a_{11} & a_{12} & \cdots & a_{1n} \\ a_{21} & a_{22} & \cdots & a_{2n} \\ \vdots & \vdots & & \vdots \\ a_{n1} & a_{n2} & \cdots & a_{nn} \end{vmatrix}$.

3. 余子式和代数余子式

设 D 是一个 n 阶行列式,即

$$D = \begin{vmatrix} a_{11} & a_{12} & \cdots & a_{1n} \\ a_{21} & a_{22} & \cdots & a_{2n} \\ \vdots & \vdots & & \vdots \\ a_{n1} & a_{n2} & \cdots & a_{nn} \end{vmatrix}.$$

将 a_{ij} 所在行与列上的元素"划去"后所得到的一个 $n-1$ 阶行列式,叫作 a_{ij} 的余子式,记作 M_{ij}. 而 $(-1)^{i+j}M_{ij}$ 叫作 a_{ij} 的代数余子式,记作 A_{ij},即

$$A_{ij} = (-1)^{i+j}M_{ij} = (-1)^{i+j} \begin{vmatrix} a_{11} & \cdots & a_{1,j-1} & a_{1,j+1} & \cdots & a_{1n} \\ \vdots & & \vdots & \vdots & & \vdots \\ a_{i-1,1} & \cdots & a_{i-1,j-1} & a_{i-1,j+1} & \cdots & a_{i-1,n} \\ a_{i+1,1} & \cdots & a_{i+1,j-1} & a_{i+1,j+1} & \cdots & a_{i+1,n} \\ \vdots & & \vdots & \vdots & & \vdots \\ a_{n1} & \cdots & a_{n,j-1} & a_{n,j+1} & \cdots & a_{nn} \end{vmatrix}.$$

定理 1　n 阶行列式等于它的任一行(列)的各元素与其对应的代数余子式乘积之和,即

$$\begin{vmatrix} a_{11} & a_{12} & \cdots & a_{1n} \\ a_{21} & a_{22} & \cdots & a_{2n} \\ \vdots & \vdots & & \vdots \\ a_{n1} & a_{n2} & \cdots & a_{nn} \end{vmatrix} = a_{i1}A_{i1} + a_{i2}A_{i2} + \cdots + a_{in}A_{in}.$$

4. 转置行列式

设 D 是一个 n 阶行列式

$$D = \begin{vmatrix} a_{11} & a_{12} & \cdots & a_{1n} \\ a_{21} & a_{22} & \cdots & a_{2n} \\ \vdots & \vdots & & \vdots \\ a_{n1} & a_{n2} & \cdots & a_{nn} \end{vmatrix},$$

将 D 中的行变为相应的列或列变为相应的行,所得到的新行列式,叫作 D 的转置行列式,记作 D^{T}. 即

$$D^{\mathrm{T}} = \begin{vmatrix} a_{11} & a_{21} & \cdots & a_{n1} \\ a_{12} & a_{22} & \cdots & a_{n2} \\ \vdots & \vdots & & \vdots \\ a_{1n} & a_{2n} & \cdots & a_{nn} \end{vmatrix}.$$

5. 行列式的性质

性质 1　行列式 D 与它的转置行列式 D^{T} 相等,即 $D = D^{\mathrm{T}}$.

性质 2　如果行列式的某一行(列)的每一个元素都是二项式,则此行列式等于把这些二项式各取一项作成相应的行(列),而其余的行(列)不变的两个行列式的和.

性质 3　如果把 n 阶行列式的两行(两列)互换,则行列式的值变成原来的相反数.

性质 4　如果把行列式 D 的某一行(列)的所有元素同乘以常数 k,则此行列式的值就等于 kD.

性质 5　如果行列式的某两行(或两列)的对应元素成比例,则此行列式的值等于零.

特别地,如果行列式中有两行(列)相同,那么行列式为零.

性质 6　如果把行列式的某一行(列)的所有元素同乘以常数 k 加到另一行(列)对应的元素上,则所得行列式的值不变.

6. 矩阵

由 $m \times n$ 个数组成的一个形如

$$\begin{pmatrix} a_{11} & a_{12} & \cdots & a_{1n} \\ a_{21} & a_{22} & \cdots & a_{2n} \\ \vdots & \vdots & & \vdots \\ a_{m1} & a_{m2} & \cdots & a_{mn} \end{pmatrix}$$

的数表,叫作 **m 行 n 列矩阵**,其中 $a_{ij}(i=1,2,\cdots,m; j=1,2,\cdots,n)$ 表示矩阵第 i 行、第 j 列上的**元素**. 矩阵通常用大写字母 $\boldsymbol{A}, \boldsymbol{B}, \boldsymbol{C}, \cdots$ 来表示.

7. 特殊矩阵

(1) 行矩阵:只有一行元素的矩阵叫作**行矩阵**,即 $\boldsymbol{A} = (a_{11} \quad a_{12} \quad \cdots \quad a_{1n})$.

（2）列矩阵：只有一列元素的矩阵叫作**列矩阵**，即 $A=\begin{pmatrix} a_{11} \\ a_{21} \\ \vdots \\ a_{n1} \end{pmatrix}$.

（3）方阵：行数 m 与列数 n 相等的矩阵叫作 n **阶方阵**，记作 A_n.

（4）一个 n 阶方阵如果除主对角元外，其余元素均为 0，则这样的方阵叫作 n **阶对角方阵**.

（5）单位矩阵：主对角线上的元素都是 1 的 n 阶对角方阵叫作**单位矩阵**，记作

$$I=\begin{pmatrix} 1 & 0 & \cdots & 0 \\ 0 & 1 & \cdots & 0 \\ \vdots & \vdots & & \vdots \\ 0 & 0 & \cdots & 1 \end{pmatrix}.$$

（6）零矩阵：所有元素都为零的矩阵叫作**零矩阵**，记作 O.

（7）转置矩阵：把矩阵 A 的行与列依次互换，得到的矩阵 A^T 叫作矩阵 A 的**转置矩阵**. 如果 A 是一个 m 行 n 列矩阵，则 A^T 就是一个 n 行 m 列矩阵.

（8）相等矩阵：如果两个矩阵 $A=(a_{ij})_{m\times n}$ 和 $B=(b_{ij})_{m\times n}$ 的对应元素都相等，则称两个**矩阵相等**，即 $A=B$.

8. 矩阵的运算

（1）矩阵的加法

设矩阵 $A=(a_{ij})_{m\times n}$ 和 $B=(b_{ij})_{m\times n}$，$A\pm B=(a_{ij}\pm b_{ij})$.

矩阵的加法运算满足交换律：$A+B=B+A$；结合律：$(A+B)+C=A+(B+C)$.

（2）矩阵的数乘

k 是一个数，$kA=(ka_{ij})_{m\times n}$.

数与矩阵相乘满足分配律：$(k_1+k_2)A=k_1A+k_2A$ 和 $k(A+B)=kA+kB$.

结合律：$k_1(k_2A)=(k_1k_2)A$.

（3）矩阵的乘法

设 $A=(a_{ij})_{m\times l}$，$B=(b_{ij})_{l\times n}$，则 A 与 B 的乘积是一个矩阵 $C=(c_{ij})_{m\times n}$，记作 $C=AB$，且

$$c_{ij}=\sum_{k=1}^{l}a_{ik}b_{kj}\,(i=1,2,\cdots,m,\,j=1,2,\cdots,n).$$

> ⏳ **注意：**
>
> （1）只有当前一个矩阵的列数与后一个矩阵的行数相等时，才能作矩阵乘法运算；
>
> （2）矩阵的乘法满足结合律：$(AB)C=A(BC)$ 和 $k(AB)=(kA)B=A(kB)$；
>
> （3）矩阵的乘法满足分配律：$A(B+C)=AB+AC$；
>
> （4）矩阵的乘法不满足交换律，即在一般情况下，$AB\neq BA$.

9. 几个结论

（1）若 A 是一个 n 阶方阵，则乘积 AA 记作 A^2，k 个方阵 A 相乘记作 A^k；

（2）若 A 是一个 n 阶方阵，I 是一个 n 阶单位矩阵，则有 $AI=IA=A$；

（3）若 O 是一个 n 阶零矩阵，A 是一个 n 阶方阵，则有 $OA=AO=O$；

（4）两个元素不全为零的矩阵的乘积可能是零矩阵；

（5）若 $AB=AC$，则一般不能由此推出 $B=C$.

10. 矩阵的秩

设 A 是一个 m 行 n 列矩阵，即 $A=(a_{ij})_{m\times n}$. 在 A 中任取 k 行和 k 列元素所构成的一个 k 阶行列式（$k\leqslant\min(m,n)$），叫作矩阵 A 的 k **阶子式**（简称**子式**）. 矩阵 A 中不为零的子式的最高阶数 r 叫作矩阵 A 的**秩**，记作 $R(A)=r$.

11. 矩阵的初等变换

把矩阵的下列三种变换叫作**矩阵的初等行变换**：

（1）交换矩阵的两行；

（2）把矩阵的某一行的所有元素同乘以一个非零常数 k；

（3）把矩阵的某一行的所有元素同乘以常数 k 加到另一行对应的元素上.

上述变换对于矩阵的列也同样适用，矩阵的初等行变换与初等列变换统称为**矩阵的初等变换**.

12. 逆矩阵

设 A 是一个 n 阶方阵，I 是 n 阶单位矩阵，若存在一个 n 阶方阵 C，使得 $CA=AC=I$，则称 n 阶方阵 A 是**可逆的**，矩阵 C 叫作矩阵 A 的**逆矩阵**，记作 A^{-1}，即 $C=A^{-1}$.

对于方阵 $A=[a_{ij}]$，我们把它对应的行列式记为 $\det A$ 或 $|A|$，而且把 $\det A$ 的代数余子式也叫作方阵 A 的代数余子式.

定理 2 A 是 n 阶方阵，则 A 有逆矩阵 $\Leftrightarrow|A|\neq0$.

13. n 元线性方程组

形如

$$\begin{cases} a_{11}x_1+a_{12}x_2+\cdots+a_{1n}x_n=b_1 \\ a_{21}x_1+a_{22}x_2+\cdots+a_{2n}x_n=b_2 \\ \qquad\cdots\cdots \\ a_{m1}x_1+a_{m2}x_2+\cdots+a_{mn}x_n=b_m \end{cases}$$

的方程组，叫作 n **元线性方程组**或**一般线性方程组**，其中 $x_1,x_2,\cdots,x_n$ 是 n 个未知数，a_{ij} 叫作方程组的系数，b_i 叫作方程组的常数项.

（1）如果 $b_1^2+b_2^2+\cdots+b_m^2=0$，我们称之为齐次线性方程组，即

$$\begin{cases} a_{11}x_1+a_{12}x_2+\cdots+a_{1n}x_n=0 \\ a_{21}x_1+a_{22}x_2+\cdots+a_{2n}x_n=0 \\ \qquad\cdots\cdots \\ a_{m1}x_1+a_{m2}x_2+\cdots+a_{mn}x_n=0 \end{cases}$$

（2）如果 $b_1^2+b_2^2+\cdots+b_m^2\neq0$，我们称之为非齐次线性方程组，即

$$\begin{cases} a_{11}x_1+a_{12}x_2+\cdots+a_{1n}x_n=b_1 \\ a_{21}x_1+a_{22}x_2+\cdots+a_{2n}x_n=b_2 \\ \qquad\cdots\cdots \\ a_{m1}x_1+a_{m2}x_2+\cdots+a_{mn}x_n=b_m \end{cases}$$

（3）设 $A = \begin{bmatrix} a_{11} & a_{12} & \cdots & a_{1n} \\ a_{21} & a_{22} & \cdots & a_{2n} \\ \vdots & \vdots & & \vdots \\ a_{m1} & a_{m2} & \cdots & a_{mn} \end{bmatrix}$，$X = \begin{bmatrix} x_1 \\ x_2 \\ \vdots \\ x_n \end{bmatrix}$，$B = \begin{bmatrix} b_1 \\ b_2 \\ \vdots \\ b_m \end{bmatrix}$.

根据矩阵的乘法和矩阵的相等，线性方程组可用**矩阵表示**为

$$AX = B.$$

系数矩阵为 $A = \begin{bmatrix} a_{11} & a_{12} & \cdots & a_{1n} \\ a_{21} & a_{22} & \cdots & a_{2n} \\ \vdots & \vdots & & \vdots \\ a_{m1} & a_{m2} & \cdots & a_{mn} \end{bmatrix}$，增广矩阵为 $\tilde{A} = \begin{bmatrix} a_{11} & a_{12} & \cdots & a_{1n} & b_1 \\ a_{21} & a_{22} & \cdots & a_{2n} & b_2 \\ \vdots & \vdots & & \vdots & \vdots \\ a_{m1} & a_{m2} & \cdots & a_{mn} & b_m \end{bmatrix}$.

14. 方程组的解

满足方程组的有序数组 $(c_1, c_2, \cdots, c_n)$ 叫作方程组的解. 如果 $(c_1, c_2, \cdots, c_n)$ 是方程组的解且 $c_1^2 + c_2^2 + \cdots + c_n^2 \neq 0$，把这样的解叫作非零解；如果 $(c_1, c_2, \cdots, c_n)$ 是方程组的解且 $c_1^2 + c_2^2 + \cdots + c_n^2 = 0$，把这样的解叫作零解.

15. 线性方程组解的判定

定理 3 （1）非齐次线性方程组有解的充分必要条件是 $r(A) = r(A \vdots B)$；

（2）非齐次线性方程组有唯一解的充分必要条件是 $r(A) = r(A \vdots B) = n$；

（3）非齐次线性方程组有无穷多解的充分必要条件是 $r(A) = r(A \vdots B) < n$.

定理 4 设齐次线性方程组的系数矩阵 A 的秩为 $R(A) = r$.

（1）若 $r = n$，则齐次线性方程组有唯一解（只有零解）；

（2）若 $r < n$，则齐次线性方程组有无穷多解（有非零解）.

二、题型与解法

（一）行列式的计算

1. 二阶、三阶行列式的计算

【**解题方法**】 二阶行列式、三阶行列式根据对角线法则进行计算.

例 11-1 计算 $\begin{vmatrix} -2 & 3 \\ -3 & 1 \end{vmatrix}$.

解：$\begin{vmatrix} -2 & 3 \\ -3 & 1 \end{vmatrix} = (-2) \times 1 - 3 \times (-3) = 7$.

例 11-2 计算 $\begin{vmatrix} 2 & 1 & 1 \\ 1 & 2 & 1 \\ 1 & 1 & 2 \end{vmatrix}$.

解：原式 $= 2 \times 2 \times 2 + 1 \times 1 \times 1 + 1 \times 1 \times 1 - 1 \times 2 \times 1 - 1 \times 1 \times 2 - 1 \times 1 \times 2 = 4$.

2. n 阶行列式的计算

【**解题方法**】 行列式的按行(列)展开或利用行列式的性质化为上三角行列式.

例 11-3 计算 $D=\begin{vmatrix} 3 & 2 & 0 & 1 \\ 2 & 4 & 1 & 9 \\ -1 & 3 & 0 & 2 \\ 0 & 0 & 0 & 5 \end{vmatrix}$.

解:原式 $=5\times(-1)^{4+4}\begin{vmatrix} 3 & 2 & 0 \\ 2 & 4 & 1 \\ -1 & 3 & 0 \end{vmatrix}=5\times1\times(-1)^{2+3}\begin{vmatrix} 3 & 2 \\ -1 & 3 \end{vmatrix}=(-5)\times11=-55.$

例 11-4 计算 $D=\begin{vmatrix} 1 & 0 & -3 & 2 \\ -4 & -1 & 0 & -5 \\ 2 & 3 & -1 & -6 \\ 3 & 3 & -4 & 1 \end{vmatrix}$.

解: $D = \begin{vmatrix} 1 & 0 & -3 & 2 \\ -4 & -1 & 0 & -5 \\ 2 & 3 & -1 & -6 \\ 3 & 3 & -4 & 1 \end{vmatrix} \xrightarrow[\substack{r_3+r_1\times(-2) \\ r_4+r_1\times(-3)}]{r_2+r_1\times4} \begin{vmatrix} 1 & 0 & -3 & 2 \\ 0 & -1 & -12 & 3 \\ 0 & 3 & 5 & -10 \\ 0 & 3 & 5 & -5 \end{vmatrix} \xrightarrow[\substack{r_4+r_2\times3}]{r_3+r_2\times3}$

$\begin{vmatrix} 1 & 0 & -3 & 2 \\ 0 & -1 & -12 & 3 \\ 0 & 0 & -31 & -1 \\ 0 & 0 & -31 & 4 \end{vmatrix} \xrightarrow{r_4+r_3\times(-1)} \begin{vmatrix} 1 & 0 & -3 & 2 \\ 0 & -1 & -12 & 3 \\ 0 & 0 & -31 & -1 \\ 0 & 0 & 0 & 5 \end{vmatrix} = 1\times(-1)\times(-31)\times5 = 155.$

(二) 矩阵的计算

1. 矩阵的加法、数乘运算

【解题方法】 根据矩阵的加法和数乘运算法则进行计算.

例 11-5 已知 $A=\begin{pmatrix} 2 & 1 & -2 \\ 3 & 2 & 1 \end{pmatrix}, B=\begin{pmatrix} 0 & -1 & 2 \\ 3 & 2 & 1 \end{pmatrix}$,求(1) $2\left(A+\dfrac{1}{2}B\right)$;(2) $3A^{\mathrm{T}}-B^{\mathrm{T}}$.

解:(1) $2\left(A+\dfrac{1}{2}B\right)=2A+B=\begin{pmatrix} 4 & 2 & -4 \\ 6 & 4 & 2 \end{pmatrix}+\begin{pmatrix} 0 & -1 & 2 \\ 3 & 2 & 1 \end{pmatrix}=\begin{pmatrix} 4 & 1 & -2 \\ 9 & 6 & 3 \end{pmatrix}$;

(2) $3A^{\mathrm{T}}-B^{\mathrm{T}}=3\begin{pmatrix} 2 & 3 \\ 1 & 2 \\ -2 & 1 \end{pmatrix}-\begin{pmatrix} 0 & 3 \\ -1 & 2 \\ 2 & 1 \end{pmatrix}=\begin{pmatrix} 6 & 9 \\ 3 & 6 \\ -6 & 3 \end{pmatrix}-\begin{pmatrix} 0 & 3 \\ -1 & 2 \\ 2 & 1 \end{pmatrix}=\begin{pmatrix} 6 & 6 \\ 3 & 4 \\ -8 & 2 \end{pmatrix}.$

2. 矩阵的乘法

【解题方法】 根据矩阵的乘法法则进行计算.

例 11-6 已知 $A=\begin{pmatrix} -2 & 4 \\ 1 & -2 \end{pmatrix}, B=\begin{pmatrix} 2 & 4 \\ -3 & -6 \end{pmatrix}$,求 AB 和 BA.

解:$AB=\begin{pmatrix} -2 & 4 \\ 1 & -2 \end{pmatrix}\begin{pmatrix} 2 & 4 \\ -3 & -6 \end{pmatrix}=\begin{pmatrix} -16 & -32 \\ 8 & 16 \end{pmatrix},$

$BA=\begin{pmatrix} 2 & 4 \\ -3 & -6 \end{pmatrix}\begin{pmatrix} -2 & 4 \\ 1 & -2 \end{pmatrix}=\begin{pmatrix} 0 & 0 \\ 0 & 0 \end{pmatrix}.$

（三）求矩阵的秩

【解题方法】 将矩阵进行初等行变换化为阶梯型矩阵或简约阶梯型矩阵再求秩.

例 11 - 7 求 $A = \begin{pmatrix} 2 & -3 & -1 & 4 \\ 2 & 5 & 2 & 8 \\ 4 & 2 & 1 & 12 \end{pmatrix}$ 的秩.

解: $A = \begin{pmatrix} 2 & -3 & -1 & 4 \\ 2 & 5 & 2 & 8 \\ 4 & 2 & 1 & 12 \end{pmatrix} \xrightarrow{r_3 + r_1 \times (-1)} \begin{pmatrix} 2 & -3 & -1 & 4 \\ 2 & 5 & 2 & 8 \\ 2 & 5 & 2 & 8 \end{pmatrix} \xrightarrow{r_3 + r_2 \times (-1)}$

$\begin{pmatrix} 2 & -3 & -1 & 4 \\ 2 & 5 & 2 & 8 \\ 0 & 0 & 0 & 0 \end{pmatrix} \xrightarrow{r_2 + r_1 \times (-1)} \begin{pmatrix} 2 & -3 & -1 & 4 \\ 0 & 8 & 3 & 4 \\ 0 & 0 & 0 & 0 \end{pmatrix} \xrightarrow{r_1 \times \frac{1}{2}, r_2 \times \frac{1}{8}} \begin{pmatrix} 1 & \frac{-3}{2} & \frac{-1}{2} & 2 \\ 0 & 1 & \frac{3}{8} & \frac{1}{2} \\ 0 & 0 & 0 & 0 \end{pmatrix},$

所以 $R(A) = 2$.

（四）求矩阵的逆矩阵

【解题方法】 利用公式 $A^{-1} = \dfrac{A^*}{|A|}$ 或者初等变换法.

例 11 - 8 用公式法求矩阵 $A = \begin{pmatrix} 1 & 2 & 3 \\ 2 & 2 & 1 \\ 3 & 4 & 3 \end{pmatrix}$ 的逆矩阵.

解: 由 $|A| = \begin{vmatrix} 1 & 2 & 3 \\ 2 & 2 & 1 \\ 3 & 4 & 3 \end{vmatrix} = 2 \neq 0$, 知 A^{-1} 存在.

又 $A_{11} = (-1)^2 \begin{vmatrix} 2 & 1 \\ 4 & 3 \end{vmatrix} = 2, A_{12} = (-1)^3 \begin{vmatrix} 2 & 1 \\ 3 & 3 \end{vmatrix} = -3, A_{13} = (-1)^4 \begin{vmatrix} 2 & 2 \\ 3 & 4 \end{vmatrix} = 2,$

$A_{21} = (-1)^3 \begin{vmatrix} 2 & 3 \\ 4 & 3 \end{vmatrix} = 6, A_{22} = (-1)^4 \begin{vmatrix} 1 & 3 \\ 3 & 3 \end{vmatrix} = -6, A_{23} = (-1)^5 \begin{vmatrix} 1 & 2 \\ 3 & 4 \end{vmatrix} = 2,$

$A_{31} = (-1)^4 \begin{vmatrix} 2 & 3 \\ 2 & 1 \end{vmatrix} = -4, A_{32} = (-1)^5 \begin{vmatrix} 1 & 3 \\ 2 & 1 \end{vmatrix} = 5, A_{33} = (-1)^6 \begin{vmatrix} 1 & 2 \\ 2 & 2 \end{vmatrix} = -2,$

$A^* = \begin{pmatrix} 2 & 6 & -4 \\ -3 & -6 & 5 \\ 2 & 2 & -2 \end{pmatrix},$ 所以 $A^{-1} = \dfrac{1}{|A|} A^* = \dfrac{1}{2} \begin{pmatrix} 2 & 6 & -4 \\ -3 & -6 & 5 \\ 2 & 2 & -2 \end{pmatrix} = \begin{pmatrix} 1 & 3 & -2 \\ -\frac{3}{2} & -3 & \frac{5}{2} \\ 1 & 1 & -1 \end{pmatrix}.$

例 11-9 用初等行变化法求矩阵 $A = \begin{pmatrix} 1 & 2 & 3 \\ 2 & 2 & 1 \\ 3 & 4 & 3 \end{pmatrix}$ 的逆矩阵.

解：$(A \vdots I) = \begin{pmatrix} 1 & 2 & 3 & 1 & 0 & 0 \\ 2 & 2 & 1 & 0 & 1 & 0 \\ 3 & 4 & 3 & 0 & 0 & 1 \end{pmatrix} \xrightarrow[r_3-3r_1]{r_2-2r_1} \begin{pmatrix} 1 & 2 & 3 & 1 & 0 & 0 \\ 0 & -2 & -5 & -2 & 1 & 0 \\ 0 & -2 & -6 & -3 & 0 & 1 \end{pmatrix}$

$\xrightarrow{r_3-r_2} \begin{pmatrix} 1 & 2 & 3 & 1 & 0 & 0 \\ 0 & -2 & -5 & -2 & 1 & 0 \\ 0 & 0 & -1 & -1 & -1 & 1 \end{pmatrix} \xrightarrow{r_1+r_2} \begin{pmatrix} 1 & 0 & -2 & -1 & 1 & 0 \\ 0 & -2 & -5 & -2 & 1 & 0 \\ 0 & 0 & -1 & -1 & -1 & 1 \end{pmatrix}$

$\xrightarrow[r_3\times(-1)]{r_2\times\left(-\frac{1}{2}\right)} \begin{pmatrix} 1 & 0 & -2 & -1 & 1 & 0 \\ 0 & 1 & \frac{5}{2} & 1 & -\frac{1}{2} & 0 \\ 0 & 0 & 1 & 1 & 1 & -1 \end{pmatrix} \xrightarrow[r_2-\frac{5}{2}r_3]{r_1+2r_3} \begin{pmatrix} 1 & 0 & 0 & 1 & 3 & -2 \\ 0 & 1 & 0 & -\frac{3}{2} & -3 & \frac{5}{2} \\ 0 & 0 & 1 & 1 & 1 & -1 \end{pmatrix}.$

所以 $A^{-1} = \begin{pmatrix} 1 & 3 & -2 \\ -\frac{3}{2} & -3 & \frac{5}{2} \\ 1 & 1 & -1 \end{pmatrix}.$

（五）解线性方程组

1. 解非齐次线性方程组

【**解题方法**】 高斯消元法；对于含有 n 个未知数 n 个方程，且它的系数行列式不等于零的非齐次线性方程组，也可以用克莱姆法则.

例 11-10 利用高斯消元法解线性方程组 $\begin{cases} x_1+x_2-2x_3-x_4=-1 \\ x_1+5x_2-3x_3-2x_4=0 \\ 3x_1-x_2+x_3+4x_4=2 \\ -2x_1+2x_2+x_3-x_4=1 \end{cases}$.

解：$[A \vdots B] = \begin{bmatrix} 1 & 1 & -2 & -1 & -1 \\ 1 & 5 & -3 & -2 & 0 \\ 3 & -1 & 1 & 4 & 2 \\ -2 & 2 & 1 & -1 & 1 \end{bmatrix} \xrightarrow[\substack{r_3+r_1\times(-3) \\ r_4+r_1\times2}]{r_2+r_1\times(-1)} \begin{bmatrix} 1 & 1 & -2 & -1 & -1 \\ 0 & 4 & -1 & -1 & 1 \\ 0 & -4 & 7 & 7 & 5 \\ 0 & 4 & -3 & -3 & -1 \end{bmatrix}$

$\xrightarrow[r_4+r_2\times(-1)]{r_3+r_2} \begin{bmatrix} 1 & 1 & -2 & -1 & -1 \\ 0 & 4 & -1 & -1 & 1 \\ 0 & 0 & 6 & 6 & 6 \\ 0 & 0 & -2 & -2 & -2 \end{bmatrix} \xrightarrow{r_4+r_3\times\frac{1}{3}} \begin{bmatrix} 1 & 1 & -2 & -1 & -1 \\ 0 & 4 & -1 & -1 & 1 \\ 0 & 0 & 6 & 6 & 6 \\ 0 & 0 & 0 & 0 & 0 \end{bmatrix}$

$\xrightarrow[\substack{r_1+r_3\times2 \\ r_2+r_3}]{r_3\times\frac{1}{6}} \begin{bmatrix} 1 & 1 & 0 & 1 & 1 \\ 0 & 4 & 0 & 0 & 2 \\ 0 & 0 & 1 & 1 & 1 \\ 0 & 0 & 0 & 0 & 0 \end{bmatrix} \xrightarrow[r_1+r_2\times(-1)]{r_2\times\frac{1}{4}} \begin{bmatrix} 1 & 0 & 0 & 1 & 1/2 \\ 0 & 1 & 0 & 0 & 1/2 \\ 0 & 0 & 1 & 1 & 1 \\ 0 & 0 & 0 & 0 & 0 \end{bmatrix}.$

因此,方程组的解为 $\begin{cases} x_1 = -x_4 + 1/2 \\ x_2 = 1/2 \\ x_3 = -x_4 + 1 \end{cases}$.

例 11 - 11　解线性方程组 $\begin{cases} 4x_1 + 5x_2 + 2x_3 = 16 \\ 3x_1 + 2x_2 + 7x_3 = 14. \\ x_1 - x_2 + 2x_3 = 1 \end{cases}$

解: $D = \begin{vmatrix} 4 & 5 & 2 \\ 3 & 2 & 7 \\ 1 & -1 & 2 \end{vmatrix} = 39 \neq 0$,方程组有唯一解.

$$D_{x_1} = \begin{vmatrix} 16 & 5 & 2 \\ 14 & 2 & 7 \\ 1 & -1 & 2 \end{vmatrix} = 39, \quad D_{x_2} = \begin{vmatrix} 4 & 16 & 2 \\ 3 & 14 & 7 \\ 1 & 1 & 2 \end{vmatrix} = 78, \quad D_{x_3} = \begin{vmatrix} 4 & 5 & 16 \\ 3 & 2 & 14 \\ 1 & -1 & 1 \end{vmatrix} = 39,$$

所以方程的解为 $\begin{cases} x_1 = 1 \\ x_2 = 2. \\ x_3 = 1 \end{cases}$

2. 解齐次线性方程组

【解题方法】　高斯消元法;对于含有 n 个未知数 n 个方程,且它的系数行列式不等于零的齐次线性方程组,也可以用克莱姆法则.

例 11 - 12　解齐次线性方程组 $\begin{cases} x_1 - x_2 - x_3 + x_4 = 0 \\ x_1 - x_2 + x_3 - 3x_4 = 0 \\ x_1 - x_2 - 2x_3 + 3x_4 = 0 \end{cases}$.

解: $A = \begin{pmatrix} 1 & -1 & -1 & 1 \\ 1 & -1 & 1 & -3 \\ 1 & -1 & -2 & 3 \end{pmatrix} \xrightarrow[r_3 - r_1]{r_2 - r_1} \begin{pmatrix} 1 & -1 & -1 & 1 \\ 0 & 0 & 2 & -4 \\ 0 & 0 & -1 & 2 \end{pmatrix} \xrightarrow{r_2 \times \frac{1}{2}}$

$$\begin{pmatrix} 1 & -1 & -1 & 1 \\ 0 & 0 & 1 & -2 \\ 0 & 0 & -1 & 2 \end{pmatrix} \xrightarrow{r_3 + r_2} \begin{pmatrix} 1 & -1 & -1 & 1 \\ 0 & 0 & 1 & -2 \\ 0 & 0 & 0 & 0 \end{pmatrix} \xrightarrow{r_1 + r_2} \begin{pmatrix} 1 & -1 & 0 & -1 \\ 0 & 0 & 1 & -2 \\ 0 & 0 & 0 & 0 \end{pmatrix}.$$

因此,方程组的解为 $\begin{cases} x_1 = x_2 + x_4 \\ x_3 = 2x_4 \end{cases}$.

例 11 - 13　解齐次线性方程组 $\begin{cases} 2x_1 + 2x_2 + 3x_3 = 0 \\ x_1 - x_2 = 0. \\ -x_1 + 2x_2 + x_3 = 0 \end{cases}$

解:由于方程组的系数行列式 $\begin{vmatrix} 2 & 2 & 3 \\ 1 & -1 & 0 \\ -1 & 2 & 1 \end{vmatrix} = -1 \neq 0$,

所以方程组有唯一的一组零解,即 $\begin{cases} x_1 = 0 \\ x_2 = 0. \\ x_3 = 0 \end{cases}$

三、能力训练

(一) 行列式

1. 计算下列行列式：

(1) $\begin{vmatrix} -1 & 2 \\ -2 & 4 \end{vmatrix}$;   (2) $\begin{vmatrix} x+y & x \\ x & x-y \end{vmatrix}$;   (3) $\begin{vmatrix} 1 & 2 & 3 \\ 2 & 4 & 6 \\ 3 & 5 & 7 \end{vmatrix}$;

(4) $\begin{vmatrix} -1 & 1 & 1 \\ 1 & -1 & 1 \\ 1 & 1 & -1 \end{vmatrix}$; (5) $\begin{vmatrix} x & y & x+y \\ y & x+y & x \\ x+y & x & y \end{vmatrix}$;   (6) $\begin{vmatrix} 1 & 1 & 1 \\ a & b & c \\ b+c & c+a & a+b \end{vmatrix}$.

2. 计算 $\begin{vmatrix} 3 & 1 & 1 & 1 \\ 1 & 3 & 1 & 1 \\ 1 & 1 & 3 & 1 \\ 1 & 1 & 1 & 3 \end{vmatrix}$.

3. 已知 $\begin{vmatrix} 1 & 1 & 1 \\ 2 & 3 & x \\ 4 & 9 & x^2 \end{vmatrix}=0$，求 x 的值.

4. 计算 $\begin{vmatrix} 5 & 3 & -1 & 2 & 0 \\ 1 & 7 & 2 & 5 & 2 \\ 0 & -2 & 3 & 1 & 0 \\ 0 & -4 & -1 & 4 & 0 \\ 0 & 2 & 3 & 5 & 0 \end{vmatrix}$.

5. 利用克莱姆法则解下列方程组：

(1) $\begin{cases} 2x_1 - 3x_2 = 5 \\ 3x_1 - 4x_2 = 7 \end{cases}$；

(2) $\begin{cases} 4x_1 + 5x_2 + 4x_3 = 16 \\ 3x_1 + 2x_2 + 14x_3 = 14 \\ x_1 - x_2 + 4x_3 = 1 \end{cases}$；

(3) $\begin{cases} 3x_1 + 4x_2 + 4x_3 - x_4 = 6 \\ 5x_1 + 2x_2 - x_3 + 2x_4 = 9 \\ 4x_1 - 8x_2 + 3x_3 - 5x_4 = -9 \\ 2x_1 + 6x_2 - 7x_3 + 3x_4 = 11 \end{cases}$；

(4) $\begin{cases} 2x_1 + 3x_2 - x_3 + 3x_4 = 7 \\ x_1 - 3x_2 + 3x_3 - 2x_4 = -1 \\ 2x_1 + 5x_2 + 2x_3 - 4x_4 = 5 \\ 4x_1 - x_2 - 4x_3 + 4x_4 = 3 \end{cases}$.

(二) 矩阵

6. 已知 $A=\begin{pmatrix} 3 & 4 \\ 1 & 2 \end{pmatrix}$，$B=\begin{pmatrix} -2 & 1 \\ 0 & -3 \end{pmatrix}$，求 $2\left(A+\dfrac{1}{2}B\right)$，$3A^{\mathrm{T}}-B^{\mathrm{T}}$，$AB$，$BA$.

7. 已知 $A=\begin{pmatrix} 2 & 2 & 3 \\ 2 & -1 & -2 \\ 2 & -3 & -1 \end{pmatrix}$，$B=\begin{pmatrix} 1 & 3 & -1 \\ 0 & -3 & 4 \\ -2 & -1 & 1 \end{pmatrix}$，求矩阵 X，使 $3X+2A=B$.

8. 求下列矩阵的秩：

(1) $A=\begin{pmatrix} 1 & 2 & 3 \\ 2 & 3 & -5 \\ 4 & 7 & 1 \end{pmatrix}$;

(2) $B=\begin{pmatrix} 2 & 6 & -14 & -16 \\ 4 & 11 & -10 & -12 \\ 3 & 7 & 2 & 3 \end{pmatrix}$;

(3) $C = \begin{pmatrix} 1 & 2 & 3 & 4 \\ -1 & -1 & -4 & -2 \\ 3 & 4 & 11 & 8 \end{pmatrix}$;

(4) $D = \begin{pmatrix} 1 & 0 & 0 & 1 \\ 1 & 2 & 0 & -1 \\ 3 & -1 & 0 & 4 \\ 1 & 4 & 5 & 1 \end{pmatrix}$.

9. 已知 $AP = PB$, 其中 $B = \begin{pmatrix} 1 & 0 & 0 \\ 0 & 0 & 0 \\ 0 & 0 & -1 \end{pmatrix}$, $P = \begin{pmatrix} 1 & 0 & 0 \\ 2 & -1 & 0 \\ 2 & 1 & 1 \end{pmatrix}$, 求 A.

10. 求下列矩阵的逆矩阵:

(1) $A = \begin{pmatrix} 1 & 2 \\ 2 & -4 \end{pmatrix}$;

(2) $A = \begin{pmatrix} 0 & 1 & 2 \\ 1 & 1 & 4 \\ 2 & -1 & 0 \end{pmatrix}$;

(3) $A = \begin{pmatrix} 5 & 9 & -1 \\ -2 & -3 & 0 \\ 0 & 2 & -1 \end{pmatrix}$;

(4) $A = \begin{pmatrix} 1 & 1 & 1 & 1 \\ 1 & 1 & -1 & -1 \\ 1 & -1 & 1 & -1 \\ 1 & -1 & -1 & 1 \end{pmatrix}$.

11. 已知 $\begin{pmatrix} 2 & 5 \\ 1 & 3 \end{pmatrix} \boldsymbol{X} = \begin{pmatrix} 4 & -6 \\ 2 & 1 \end{pmatrix}$ ，求矩阵 $\boldsymbol{X}$.

12. 设 $\boldsymbol{A} = \begin{pmatrix} 1 & 2 & 3 \\ 2 & 2 & 1 \\ 3 & 4 & 3 \end{pmatrix}, \boldsymbol{B} = \begin{pmatrix} 2 & 1 \\ 5 & 3 \end{pmatrix}, \boldsymbol{C} = \begin{pmatrix} 1 & 3 \\ 2 & 0 \\ 3 & 1 \end{pmatrix}$ ，求满足 $\boldsymbol{AXB} = \boldsymbol{C}$ 的矩阵 $\boldsymbol{X}$.

13. 设矩阵 $\boldsymbol{A}$ 为 3 阶矩阵，且 $|\boldsymbol{A}| = 3$，则 $|2\boldsymbol{A}| =$ _____.

(三) 线性方程组

14. 齐次线性方程组 $\begin{cases} (k+1)x_1 + 2x_2 = 0 \\ 4x_1 + (k-1)x_2 = 0 \end{cases}$ ，当实数 k _____时，该线性方程组只有零解.

15. 已知方程组 $\begin{pmatrix} 1 & 2 & 1 \\ 2 & 3 & a+2 \\ 1 & a & -2 \end{pmatrix} \begin{pmatrix} x_1 \\ x_2 \\ x_3 \end{pmatrix} = \begin{pmatrix} 1 \\ 3 \\ 0 \end{pmatrix}$ 无解，则 $a =$ _____.

16. 判定下列线性方程组解的情况：

(1) $\begin{cases} x_1 + 4x_2 - 2x_3 + 3x_4 = 0 \\ x_1 + 2x_2 - 3x_3 + 4x_4 = 0 \\ 2x_1 - 2x_2 + 3x_3 + 2x_4 = 0 \\ x_1 + 2x_2 + x_3 + 5x_4 = 0 \end{cases}$;

(2) $\begin{cases} 2x_1 - x_2 + x_3 + 5x_4 = 5 \\ 2x_1 - x_2 + x_3 - x_4 = -1 \\ 2x_1 - x_2 + x_3 + x_4 = 1 \end{cases}$.

17. 用高斯消元法解下列线性方程组：

(1) $\begin{cases} 2x_1+7x_2-4x_3+11x_4=5 \\ 2x_1+2x_2-x_3+4x_4=2 \\ 4x_1-x_2+x_3+x_4=1 \end{cases}$;

(2) $\begin{cases} 2x_1+x_2-4x_3+3x_4=2 \\ 2x_1+x_2-x_3+x_4=2 \\ x_1-3x_2+x_3+x_4=1 \end{cases}$;

(3) $\begin{cases} x_1+2x_2+3x_3+4x_4=0 \\ x_1+x_2+2x_3+3x_4=0 \\ x_1+5x_2+x_3+2x_4=0 \\ x_1+5x_2+5x_3+2x_4=0 \end{cases}$;

(4) $\begin{cases} 3x_1+4x_2-4x_3+2x_4=-3 \\ 6x_1+5x_2-2x_3+3x_4=-1 \\ 9x_1+3x_2+8x_3+5x_4=9 \\ -3x_1-7x_2-10x_3+x_4=2 \end{cases}$

18. 下列线性方程组 $\begin{cases} 2x_1-7x_2+kx_3-x_4=0 \\ 3x_1-2x_2-x_3+x_4=0 \\ 5x_1+x_2-x_3+2x_4=0 \\ 2x_1-x_2+2x_3-x_4=0 \end{cases}$ 只有非零解，求 k.

19. 当 λ 为何值时，方程组 $\begin{cases} \lambda x+y+z=1 \\ x+\lambda y+z=\lambda \\ x+y+\lambda z=\lambda^2 \end{cases}$ 无解、有解、有唯一解、无穷多解，并求其值.

第十二章　概率统计及其应用

一、知识点梳理

1. 基本概念

随机试验:试验若满足(1) 试验可以在相同的条件下重复进行;(2) 试验的所有可能结果是明确可知道的,并且不止一个;(3) 每次试验总是出现这些可能结果中的一个,但在试验之前却不能肯定会出现哪一个结果,则称之为随机试验.

随机事件:对随机现象进行试验的每一种可能的结果叫作**随机事件**(简称**事件**),通常用大写字母 $A,B,C,\cdots$ 来表示.

必然事件:每次试验中必然发生的事件叫作**必然事件**,记作 Ω.

不可能事件:每次试验中不可能发生的事件叫作**不可能事件**,记作 $\varnothing$.

基本事件:在随机试验中,不能分解的事件叫作**基本事件**.

复合事件:在随机试验中,由若干基本事件组成的事件叫作**复合事件**.

2. 事件的关系

包含:如果事件 A 发生必然导致事件 B 发生,则称 B 包含 A,记作 $A \subset B$.

相等:若 $A \subset B$ 且 $B \subset A$,则称事件 A 与事件 B **相等**,记作 $A = B$.

并:事件 A 与事件 B 至少有一个发生的事件称为事件 A 与事件 B 的**并**(或和),记作 $A \cup B$.

交:事件 A 与事件 B 同时发生的事件称为事件 A 与事件 B 的**交**(或积),记作 $A \cap B$ 或 AB.

差:事件 A 发生而事件 B 不发生的事件称为事件 A 与事件 B 的**差**,记作 $A - B$.

互不相容:事件 A 与事件 B 不能同时发生的事件称为事件 A 与事件 B **互不相容**,记作 $AB = \varnothing$.

逆:若 $AB = \varnothing$ 且 $A \cup B = \Omega$,则称事件 A 与事件 B 为**互逆事件**(简称**互逆**).事件 A 的逆事件也叫**对立事件**,记作 $\bar{A}$.

3. 事件的运算律

(1) 交换律:　　　　　　　$A \cup B = B \cup A, AB = BA$;

(2) 结合律:　　　$(A \cup B) \cup C = A \cup (B \cup C), (AB)C = A(BC)$;

(3) 分配律:$(A \cup B)C = (AC) \cup (BC), (AB) \cup C = (A \cup C)(B \cup C)$;

(4) 反演律:　　　　　　$\overline{A \cup B} = \bar{A}\bar{B}, \overline{AB} = \bar{A} \cup \bar{B}$.

4. 频率

定义 1　n 次重复试验中,事件 A 发生的次数 n_A 与试验总次数 n 的比值,叫作事件 A

发生的**频率**,记作 $f_n(A)$,即 $f_n(A) = \dfrac{n_A}{n}$.

性质 1 (1) $0 \leqslant f_n(A) \leqslant 1$;

(2) $f_n(\Omega) = 1, f_n(\varnothing) = 0$;

(3) 若事件 A 与事件 B 互不相容,则 $f_n(A \cup B) = f_n(A) + f_n(B)$.

5. 概率

定义 2 随机事件 A 发生的可能性大小的度量(数值),叫作事件 A 发生的**概率**,记作 **$P(A)$**.

性质 2 (1) 非负性 $0 \leqslant P(A) \leqslant 1$;

(2) 规范性 $P(\Omega) = 1, P(\varnothing) = 0$;

(3) 可加性 若 $AB = \varnothing$,则 $P(A \cup B) = P(A) + P(B)$.

6. 古典概型

定义 3 若随机试验(1) 基本事件的全集是由有限个基本事件组成;(2) 每一个基本事件在一次试验中发生的可能性是相等的,则这类随机试验叫作**古典概型**.

公式 1 $P(A) = \dfrac{n_A}{n}$,其中 n 为基本事件的总数,n_A 为有利于事件 A 发生的基本事件个数.

7. 几何概型

定义 4 如果每个事件发生的概率只与构成该事件区域的度量(长度、面积、体积或度数)成比例,则称这样的概率模型为几何概率模型,简称为**几何概型**.

公式 2 $P(A) = \dfrac{\text{构成事件 } A \text{ 的区域度量}}{\text{试验的全部结果所构成的区域度量}}$.

8. 条件概率

定义 5 事件 B 已发生的条件下,事件 A 发生的概率,叫作 B 发生的条件下,A 发生的**条件概率**,记作 $P(A|B)$.

公式 3 $P(A|B) = \dfrac{P(AB)}{P(B)}$.

9. 加法公式

$P(A \cup B) = P(A) + P(B) - P(AB)$.

10. 减法公式

$P(A - B) = P(A) - P(AB)$.

11. 乘法公式

$P(AB) = P(A) \cdot P(B|A) = P(B) \cdot P(A|B)$.

12. 全概率公式

设 $B_i(i = 1, 2, \cdots, n)$ 是一系列互不相容的事件,且有 $\bigcup\limits_{i=1}^{n} B_i = \Omega$,则对任一事件 A,有

$$P(A) = \sum_{i=1}^{n} P(B_i) P(A \mid B_i).$$

13. 独立性

对任意的两个事件 A, B,若 $P(AB) = P(A) \cdot P(B)$ 成立,则称事件 A, B 是**相互独**

立的.

14. 贝努里概型

如果试验中只有两个可能的结果(如抛掷一枚硬币):A 和 $\overline{A}$,并且 $P(A)=p$,$P(\overline{A})=1-p=q$,这样的试验重复 n 次构成的试验叫作 n **重贝努里试验**,简称**贝努里试验**或**贝努里概型**,n 次试验中结果 A 发生 k 次的概率为

$$P_n(A)=C_n^k p^k q^{n-k}.$$

15. 随机变量

定义 6 若随机试验的各种结果都能用一个变量的取值(或范围)来表示,则称这个变量为**随机变量**,通常用大写字母 $X,Y,Z,\cdots$ 或希腊字母 $\xi,\eta,\zeta,\cdots$ 来表示.

特征 (1)随机性:变量的取值在试验前是不能预先确定的;

(2)统计规律性:大量重复试验,变量在各个取值上,有一定的统计规律;

(3)唯一性:在每次试验中,变量的取值有且只有一个.

分类 随机变量分为**离散型随机变量**和**连续型随机变量**.

离散型随机变量的基本特征是随机变量的所有可能取值的数目是有限个的,或是可数个的(与自然数一样多).

连续型随机变量的基本特征是随机变量的所有可能取值可以充满某个区间.

16. 离散型随机变量的概率分布

定义 7 如果离散型随机变量 Z 的所有可能的取值是 $x_1,x_2,\cdots,x_n,\cdots$,且 $P(Z=x_i)=p_i(i=1,2,\cdots,n,\cdots)$,则称 $\{p_i\}$ 为 Z 的概率分布.可以用下面的表格来表示:

Z	x_1	x_2	$\cdots$	x_i	$\cdots$
P	p_1	p_2	$\cdots$	p_i	$\cdots$

性质 3 (1) $p_i \geqslant 0(i=1,2,\cdots,n,\cdots)$;

(2) $p_1+p_2+\cdots+p_i+\cdots=1(i=1,2,\cdots,n,\cdots)$.

常见分布 1 (1)**两点分布** $P(Z=0)=1-p$,$P(Z=1)=p(0<p<1)$;

(2)**二项分布** $P(Z=i)=C_n^i p^i (1-p)^{n-i}(i=0,1,2,\cdots,n)$,记为 $Z\sim B(n,p)$;

(3)**泊松分布** $P(Z=i)=\dfrac{\lambda^i}{i!}e^{-\lambda}(i=0,1,2,\cdots,n,\cdots)$,记为 $Z\sim P(\lambda)$.

17. 连续型随机变量的概率分布

定义 8 对于随机变量 Z,若存在一个非负函数 $f(x)$,使 $P(a\leqslant Z<b)=\displaystyle\int_a^b f(x)\mathrm{d}x$,则 Z 就称为**连续型随机变量**,$f(x)$ 叫作 Z 的**概率分布密度**(简称**分布密度**或**密度函数**).

性质 4 (1) $f(x)\geqslant 0$;(2) $\displaystyle\int_{-\infty}^{+\infty} f(x)\mathrm{d}x=1$.

常见分布 2 (1)**均匀分布** $f(x)=\begin{cases}\dfrac{1}{b-a} & a\leqslant x\leqslant b \\ 0 & \text{其他}\end{cases}$,记为 $Z\sim U(a,b)$;

(2)**正态分布** $f(x)=\dfrac{1}{\sqrt{2\pi}\sigma}e^{-\frac{(x-\mu)^2}{2\sigma^2}}$,记为 $Z\sim N(\mu,\sigma^2)$;

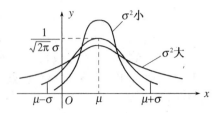

正态分布密度曲线的性质：① 曲线在 x 轴的上方，与 x 轴不相交．

② 曲线关于直线 $x=\mu$ 对称．

③ 当 $x=\mu$ 时，曲线位于最高点．

④ 当 $x<\mu$ 时，曲线上升（增函数）；当 $x>\mu$ 时，曲线下降（减函数），并且当曲线向左、右两边无限延伸时，以 x 轴为渐近线，向它无限靠近．

⑤ μ 一定时，σ 越大，曲线越"矮胖"，总体分布越分散 σ 越小；曲线越"瘦高"，总体分布越集中．

（3）**标准正态分布** $\Phi(x)=\dfrac{1}{\sqrt{2\pi}}e^{-\frac{x^2}{2}}$，即 $\mu=0,\sigma=1$ 时的正态分布，记为 $Z\sim N(0,1)$．

18. 分布函数

定义 9 称 $F(x)=P(Z\leqslant x)$ 为随机变量 Z 的分布函数．

性质 5 （1）$0\leqslant F(x)\leqslant 1$；

（2）$F(x)$ 是单调递增的；

（3）$F(+\infty)=1,F(-\infty)=0$．

19. 标准正态分布的分布函数

定义 10 $\Phi(x)=\displaystyle\int_{-\infty}^{x}\dfrac{1}{\sqrt{2\pi}\sigma}e^{-\frac{t^2}{2}}\mathrm{d}t$．

性质 6 （1）$\Phi(-x)=1-\Phi(x)$；

（2）$\Phi(-\infty)=0,\Phi(0)=\dfrac{1}{2},\Phi(+\infty)=1$；

（3）$P(a\leqslant Z\leqslant b)=\Phi(b)-\Phi(a)$．

定理 1 若 $Z\sim N(\mu,\sigma^2)$，则它的分布函数 $F(x)=\Phi\left(\dfrac{x-\mu}{\sigma}\right)$．

20. 期望 $E(Z)$

（1）**离散型随机变量的期望**：若离散型随机变量 Z 的概率分布为 $P(Z=x_i)=p_i(i=1,$ $2,\cdots,n)$，则称 $\displaystyle\sum_{i=1}^{n}x_ip_i$ 为 Z 的**期望**（或均值），记作 $E(Z)$，即 $E(Z)=\displaystyle\sum_{i=1}^{n}x_ip_i$．

（2）**连续型随机变量的期望**：若连续型随机变量 Z 具有密度函数 $f(x)$，则称 $\displaystyle\int_{-\infty}^{+\infty}xf(x)\mathrm{d}x$ 为随机变量 Z 的数学期望，记作 $E(Z)$，即 $E(Z)=\displaystyle\int_{-\infty}^{+\infty}xf(x)\mathrm{d}x$．

（3）**期望的性质**：① $E(C)=C$（C 是常数）；

② $E(CZ)=CE(Z)$（C 是常数）；

③ $E(Z_1+Z_2+\cdots+Z_n)=E(Z_1)+E(Z_2)+\cdots+E(Z_n)$．

（4）**常见的期望**

分布类型	数学期望
两点分布 $P(Z=1)=p,P(Z=0)=1-p$	p
二项分布 $B(n,p)$	np
泊松分布 $P(\lambda)$	λ
均匀分布	$\dfrac{a+b}{2}$
正态分布 $N(\mu,\sigma^2)$	μ

21. 方差 $D(Z)$

(1) **离散型随机变量的方差**：若离散型随机变量 Z 的分布列是 $P(Z=x_i)=p_i(i=1,$ $2,\cdots,n)$，则称 $E[Z-E(Z)]^2=\sum\limits_{i=1}^{n}[x_i-E(Z)]^2 p_i$ 为随机变量 Z 的**方差**，记作 $D(Z)$，即 $D(Z)=\sum\limits_{i=1}^{n}[x_i-E(Z)]^2 p_i.$

(2) **连续型随机变量的方差**：若连续型随机变量 Z 的密度函数为 $f(x)$，则 $E[Z-E(Z)]^2=\int_{-\infty}^{+\infty}[x-E(Z)]^2 f(x)\mathrm{d}x$ 叫作随机变量 Z 的**方差**，记作 $D(Z)$，即 $D(Z)=\int_{-\infty}^{+\infty}[x-E(Z)]^2 f(x)\mathrm{d}x.$

(3) **方差的计算公式**：$D(Z)=E[Z-E(Z)]^2$ 或 $D(Z)=E(Z^2)-[E(Z)]^2.$

(4) **标准差**：随机变量 Z 的方差 $D(Z)$ 的算术平方根 $\sqrt{D(Z)}$ 叫作随机变量 Z 的**标准差**（或均方差）.

(5) **方差的性质**：① $D(C)=0$（C 是常数）；

② $D(CZ)=C^2 D(Z)$（C 是常数）；

③ 如果 Z_1,Z_2 是相互独立的两个随机变量，那么 $D(Z_1+Z_2)=D(Z_1)+D(Z_2).$

(6) **常见的方差**

分布类型	方差
两点分布 $P(Z=1)=p,P(Z=0)=1-p$	$p-p^2$
二项分布 $B(n,p)$	$np-np^2$
泊松分布 $P(\lambda)$	λ
均匀分布	$\dfrac{(a-b)^2}{12}$
正态分布 $N(\mu,\sigma^2)$	σ^2

22. 总体、个体、样本及样本统计量

总体　所要研究的对象的全体称为**总体**（或母体）.

个体　组成总体的每个单元称为一个**个体**.

样本 从总体中随机抽取的一部分个体组成的子集叫作**样本**.

样本统计量 称不含未知参数的样本函数为**样本统计量**.

23. 常用的样本统计量

样本均值 $\overline{X}=\dfrac{1}{n}(x_1+x_2+\cdots+x_n)$;

样本方差 $S_n^2=\dfrac{1}{n}\big[(x_1-\overline{X})^2+(x_2-\overline{X})^2+\cdots+(x_n-\overline{X})^2\big]$;

修正样本方差 $S_n^2=\dfrac{1}{n-1}\big[(x_1-\overline{X})^2+(x_2-\overline{X})^2+\cdots+(x_n-\overline{X})^2\big]$.

定理 2 如果 X 表示总体,而且服从正态分布 $N(\mu,\sigma^2)$,$(x_1,x_2,\cdots,x_n)$ 是来自总体的一个样本,则有

(1) 样本的均值 $\overline{X}\sim N\left(\mu,\dfrac{\sigma^2}{n}\right)$;

(2) 统计量 $\dfrac{\overline{X}-\mu}{\sigma}\sqrt{n}\sim N(0,1)$.

24. 参数估计

(1) 点估计

定义 11 构造一个适当的样本的统计量,通过该样本的统计量的计算,对总体的参数(如期望、方差等)进行估计.

常用的点估计

需要估计的总体参数	样本的统计量
总体的数学期望	样本均值 $\overline{X}=\dfrac{1}{n}(x_1+x_2+\cdots+x_n)$
总体的方差	样本修正方差 $S_n^2=\dfrac{1}{n-1}\big[(x_1-\overline{X})^2+(x_2-\overline{X})^2+\cdots+(x_n-\overline{X})^2\big]$

(2) 区间估计

定义 12 对于某个总体的需要估计的参数 θ(如正态分布的 μ,σ^2 等),通过样本 $(x_1,x_2,\cdots,x_n)$ 的计算,给出一个区间 $[\hat{\theta}_1,\hat{\theta}_2]$,使参数 θ 以一个较大的概率落在这个区间内,即 $P(\hat{\theta}_1\leqslant\theta\leqslant\hat{\theta}_2)=1-\alpha(0<\alpha<1)$. 称 $[\hat{\theta}_1,\hat{\theta}_2]$ 为参数 θ 的一个**置信区间**,概率 $1-\alpha$ 称为**置信概率**或**置信水平**,α 称为**显著性水平**.

结论 1 设总体 X 服从正态分布 $N(\mu,\sigma^2)$(σ^2 已知),$(x_1,x_2,\cdots,x_n)$ 是来自总体的一个样本,则总体参数 μ 的 $1-\alpha$ 置信区间为 $\left[\overline{x}-u_{\frac{\alpha}{2}}\dfrac{\sigma}{\sqrt{n}},\overline{x}+u_{\frac{\alpha}{2}}\dfrac{\sigma}{\sqrt{n}}\right]$,其中 $u_{\frac{\alpha}{2}}$ 满足 $\Phi(u_{1-\frac{\alpha}{2}})=1-\dfrac{\alpha}{2}$.

结论 2 设总体 X 服从非正态分布,且总体的数学期望为 μ,方差为 σ^2(已知 $\sigma^2\neq0$),$(x_1,x_2,\cdots,x_n)(n\geqslant50)$ 是来自总体的一个大样本,则样本的均值 $\overline{X}\overset{近似}{\sim}N\left(\mu,\dfrac{\sigma^2}{n}\right)$.

25. 假设检验

基本思想:首先,对总体 X 做出某种假设 H(如 H:总体 X 的数学期望是某个数值),然

后根据样本构造一个统计量,运用数理统计的分析方法,检验我们的假设是否可信,从而决定接受或拒绝假设.

接受或拒绝判定依据:小概率事件的实际不可能性原理. 如在原假设 H 成立时,若小概率事件竟然发生,则做出拒绝原假设 H 的判断.

U **检验法**:(1) 根据实际问题提出假设 H,即说明要检验的假设的内容;

(2) 根据样本构造一个统计量 u,且当假设 H 成立时,统计量 u 服从正态分布;

(3) 根据问题的需要,适当选取检验的显著性水平 α(一般较小),从而确定拒绝域或接受域;

(4) 根据样本观测值计算检验统计量 u 的值,从而对是否拒绝假设 H 做出明确的判断.

二、题型与解法

(一) 样本空间的表示

例 12-1 写出下列随机试验的样本空间:

(1) 同时掷两颗骰子,记录两颗骰子的点数之和;

(2) 在单位圆内任意一点,记录它的坐标;

(3) 10 件产品中有三件是次品,每次从其中取一件,取后不放回,直到三件次品都取出为止,记录抽取的次数;

(4) 测量一汽车通过给定点的速度.

解:所求的样本空间如下

(1) $S=\{2,3,4,5,6,7,8,9,10,11,12\}$;

(2) $S=\{(x, y) \mid x^2+y^2<1\}$;

(3) $S=\{3,4,5,6,7,8,9,10\}$;

(4) $S=\{v \mid v>0\}$.

(二) 随机事件的表示

【解题方法】 根据随机事件的关系及运算.

例 12-2 设 A,B,C 为三个事件,试用 A,B,C 的运算关系式表示下列事件:

(1) A 发生,B,C 都不发生;

(2) A 与 B 发生,C 不发生;

(3) A,B,C 都发生;

(4) A,B,C 至少有一个发生;

(5) A,B,C 都不发生;

(6) A,B,C 不都发生;

(7) A,B,C 至多有 2 个发生;

(8) A,B,C 至少有 2 个发生.

解:(1) $A\overline{BC}$;(2) $AB\overline{C}$;(3) ABC;

(4) $A\cup B\cup C=\overline{A}BC\cup A\overline{B}C\cup A\overline{BC}\cup ABC\cup A\overline{B}C\cup AB\overline{C}\cup ABC=\overline{\overline{A}\overline{B}\overline{C}}$;

(5) $\overline{ABC}=\overline{A}\cup\overline{B}\cup\overline{C}$;(6) $\overline{ABC}$;

(7) $\overline{A}BC\cup A\overline{B}C\cup AB\overline{C}\cup \overline{A}\overline{B}C\cup A\overline{B}\overline{C}\cup \overline{A}B\overline{C}\cup ABC=\overline{\overline{A}\overline{B}\overline{C}}=\overline{A}\cup\overline{B}\cup\overline{C}$;

(8) $AB\cup BC\cup CA=AB\overline{C}\cup A\overline{B}C\cup \overline{A}BC\cup ABC$.

(三) 随机事件概率

【解题方法】 古典概型.

例 12-3 袋中有 5 只白球,4 只红球,3 只黑球,在其中任取 4 只,求下列事件的概率.

(1) 4 只中恰有 2 只白球,1 只红球,1 只黑球.

(2) 4 只中至少有 2 只红球.

(3) 4 只中没有白球.

解:(1) 所求概率为 $\dfrac{C_5^2 C_4^1 C_3^1}{C_{12}^4}=\dfrac{8}{33}$;

(2) 所求概率为 $\dfrac{C_4^2 C_8^2+C_4^3 C_8^1+C_4^4}{C_{12}^4}=\dfrac{201}{495}=\dfrac{67}{165}$;

(3) 所求概率为 $\dfrac{C_7^4}{C_{12}^4}=\dfrac{35}{495}=\dfrac{7}{99}$.

【解题方法】 几何概型.

例 12-4 某货运码头仅能容一船卸货,而甲乙两船在码头卸货时间分别为 1 小时和 2 小时. 设甲、乙两船在 24 小时内随时可能到达,求它们中任何一船都不需等待码头空出的概率.

解:设 x,y 分别表示两船到达某地的时刻,用 A 表示两船中的任何一船都不需等待码头空出.依题设,样本空间

$$\Omega=\{(x,y)\mid 0\leqslant x<24,0\leqslant y<24\},$$

事件 $\qquad A=\{(x,y)\mid x-y>2 \text{ 或 } y-x>1\}\bigcap\Omega$

显然这是一个几何概型,故

$$P(A)=\frac{m(A)}{m(\Omega)}=\frac{A \text{ 的面积}}{\Omega \text{ 的面积}}=\frac{\frac{1}{2}\times 23^2+\frac{1}{2}\times 22^2}{24^2}=0.8793.$$

【解题方法】 利用加法公式、减法公式.

例 12-5 设 A,B 是两个事件,已知 $P(A)=0.25$,$P(B)=0.5$,$P(AB)=0.125$,求 $P(A\cup B)$,$P(\overline{A}B)$,$P(\overline{AB})$.

解:$P(A\cup B)=P(A)+P(B)-P(AB)=0.625$,

$P(\overline{A}B)=P(B-A)=P(B)-P(AB)=0.375$,

$P(\overline{AB})=1-P(AB)=0.875$.

【解题方法】　利用条件概率公式.

例 12-5　在全部产品中有 4% 是废品,有 72% 为一等品. 现从其中任取一件为合格品,求它是一等品的概率.

解:设 A 表示"任取一件为合格品",B 表示"任取一件为一等品",$P(A)=96\%$,$P(AB)=P(B)=72\%$,由于 $B \subset A$,则所求概率为

$$P(B|A)=\frac{P(AB)}{P(A)}=\frac{72\%}{96\%}=0.75.$$

【解题方法】　利用乘法公式.

例 12-6　在 10 个产品中,有 2 个次品,不放回地抽取 2 个产品,每次取一个,求取到的两个产品都是次品的概率.

解:设 A 表示"第一次取产品取到次品",B 表示"第二次取产品取到次品",则

$$P(A)=\frac{2}{10}=\frac{1}{5},\ P(B|A)=\frac{1}{9},$$

故

$$P(AB)=P(A)P(B|A)=\frac{1}{5}\times\frac{1}{9}=\frac{1}{45}.$$

【解题方法】　利用全概率公式.

例 12-7　盒中有 5 个白球 3 个黑球,连续不放回地从其中取两次球,每次取一个,求第二次取到白球的概率.

解:设 A 表示"第一次取到白球",B 表示"第二次取到白球",则

$$P(A)=\frac{5}{8},\ P(\overline{A})=\frac{3}{8},P(B|A)=\frac{4}{7},P(B|\overline{A})=\frac{5}{7},$$

由全概率公式得 $P(B)=P(A)P(B|A)+P(\overline{A})P(B|\overline{A})=\frac{5}{8}\times\frac{4}{7}+\frac{3}{8}\times\frac{5}{7}=\frac{5}{8}.$

【解题方法】　贝努里模型.

例 12-8　一射手对一目标独立地射击 4 次,每次射击的命中率为 0.8,求:

(1) 恰好命中两次的概率;

(2) 至少命中一次的概率.

解:因为每次射击是互相独立的,故此问题可看作 4 重贝努里试验,$p=0.8$,

(1) 设事件 A_2 表示"4 次射击中恰好命中两次",则所求概率为

$$P(A_2)=C_4^2(0.8)^2(0.2)^2=0.1536;$$

(2) 设事件 B 表示"4 次射击中至少命中一次",又 A_0 表示"4 次射击都未命中",则

$$P(B)=1-P(A_0)=1-C_4^0(0.8)^0(0.2)^4=0.9984.$$

(四) 离散型随机变量

1. 概率分布

例 12-9　一袋中有 5 只乒乓球,编号为 1,2,3,4,5,在其中同时取 3 只,以 X 表示取出的 3 只球中的最大号码,写出随机变量 X 的概率分布.

解:X 可能的取值为 3,4,5

$$P(X=3)=\frac{1}{C_5^3}=0.1,$$

$$P(X=4)=\frac{3}{C_5^3}=0.3,$$

$$P(X=5)=\frac{C_4^2}{C_5^3}=0.6,$$

故所求概率分布为

X	3	4	5
P	0.1	0.3	0.6

2. 常见离散型分布

例 12 - 10 某特效药的临床有效率为 0.95,今有 10 人服用,问至少有 8 人治愈的概率是多少?

解:设 X 为 10 人中被治愈的人数,则 $X \sim B(10, 0.95)$,所求概率为
$$P(X \geqslant 8) = P(X=8) + P(X=9) + P(X=10)$$
$$= C_{10}^8(0.95)^8(0.05)^2 + C_{10}^9(0.95)^9(0.05)^1 + C_{10}^{10}(0.95)^{10}.$$

例 12 - 11 设 X 服从泊松分布,且 $P(X=1) = P(X=2)$,求 $P(X=4)$.

解:设 X 服从参数为 λ 的泊松分布,则
$$P(X=1) = \frac{\lambda^1}{1!}e^{-\lambda}, \quad P(X=2) = \frac{\lambda^2}{2!}e^{-\lambda},$$

由已知得
$$\frac{\lambda^1}{1!}e^{-\lambda} = \frac{\lambda^2}{2!}e^{-\lambda}.$$

解得 $\lambda = 2$,则
$$P(X=4) = \frac{2^4}{4!}e^{-2} = \frac{2}{3}e^{-2}.$$

(五) 连续型随机变量

1. 概率密度

例 12 - 12 一教授当下课铃打响时,他还不结束讲解. 他常结束他的讲解在铃响后的一分钟以内,以 X 表示铃响至结束讲解的时间. 设 X 的概率密度为 $f(x) = \begin{cases} kx^2 & 0 \leqslant x \leqslant 1 \\ 0 & \text{其他} \end{cases}$. (1) 确定 k;(2) 求 $P\left(X \leqslant \frac{1}{3}\right)$;(3) 求 $P\left(\frac{1}{4} \leqslant X \leqslant \frac{1}{2}\right)$;(4) 求 $P\left(X > \frac{2}{3}\right)$.

解:(1) 根据 $1 = \int_{-\infty}^{+\infty} f(x)dx = \int_0^1 kx^2 dx = \frac{k}{3}$,得到 $k=3$;

(2) $P\left(X \leqslant \frac{1}{3}\right) = \int_0^{\frac{1}{3}} 3x^2 dx = \left(\frac{1}{3}\right)^3 = \frac{1}{27}$;

(3) $P\left(\frac{1}{4} \leqslant X \leqslant \frac{1}{2}\right) = \int_{1/4}^{\frac{1}{2}} 3x^2 dx = \left(\frac{1}{2}\right)^3 - \left(\frac{1}{4}\right)^3 = \frac{7}{64}$;

(4) $P\left(X > \frac{2}{3}\right) = \int_{\frac{2}{3}}^1 3x^2 dx = 1 - \left(\frac{2}{3}\right)^3 = \frac{19}{27}$.

2. 常见连续型分布

例 12-13 设随机变量 X 在 $[2,5]$ 上服从均匀分布. 现对 X 进行三次独立观测, 求至少有两次的观测值大于 3 的概率.

解: $X \sim U[2,5]$, 即

$$f(x) = \begin{cases} \dfrac{1}{3} & 2 \leqslant x \leqslant 5 \\ 0 & \text{其他} \end{cases}.$$

$$P(X > 3) = \int_3^5 \frac{1}{3} \mathrm{d}x = \frac{2}{3}.$$

故所求概率为

$$p = C_3^2 \left(\frac{2}{3}\right)^2 \frac{1}{3} + C_3^3 \left(\frac{2}{3}\right)^3 = \frac{20}{27}.$$

例 12-14 设 $X \sim N(0.5, 4)$, 求: (1) $P(-0.5 < X < 1.5)$, $P(|X+0.5| < 2)$, $P(X \geqslant 0)$; (2) 常数 a, 使 $P(X > a) = 0.8944$.

解: (1) 因为 $X \sim N(0.5, 4)$, 故有

$$P(-0.5 < X < 1.5) = \Phi\left(\frac{1.5-0.5}{2}\right) - \Phi\left(\frac{-0.5-0.5}{2}\right)$$

$$= 2\Phi(0.5) - 1 = 2 \times 0.6915 - 1 = 0.383;$$

$$P(|X+0.5| < 2) = P(-2 < X + 0.5 < 2) = P(-2.5 < X < 1.5)$$

$$= \Phi\left(\frac{1.5-0.5}{2}\right) - \Phi\left(\frac{-2.5-0.5}{2}\right) = \Phi\left(\frac{1}{2}\right) - \left[1 - \Phi\left(\frac{3}{2}\right)\right]$$

$$= 0.6915 - 1 + 0.9332 = 0.6247;$$

$$P(X \geqslant 0) = 1 - \Phi\left(\frac{0-0.5}{2}\right) = 1 - 1 + \Phi\left(\frac{1}{4}\right) = 0.5987.$$

(2) 由 $P(X > a) = 0.8944$, 得

$$1 - P(X \leqslant a) = 0.8944,$$

$$P(X \leqslant a) = 0.1056,$$

即

$$\Phi\left(\frac{a-0.5}{2}\right) = 0.1056 = \Phi(-1.25),$$

于是

$$\frac{a-0.5}{2} = -1.25 \Rightarrow a = -2.$$

(六) 随机变量数字特征

1. 数学期望

例 12-15 设随机变量 X 的概率分布为

X	-2	-1	0	1
P	0.2	0.3	0.1	0.4

求 $E(2X-1)$.

解: $E(X) = -2 \times 0.2 - 1 \times 0.3 + 0 + 1 \times 0.4 = -0.3$, 则

$$E(2X-1)=2E(X)-1=2\times(-0.3)-1=-1.6.$$

例 12 - 16 设随机变量 X 的概率密度为

$$p(x)=\begin{cases}x & 0<x<1 \\ 2-x & 1\leqslant x<2, \\ 0 & \text{其他}\end{cases}$$

求数学期望 $E(X)$.

解: $E(X)=\int_{-\infty}^{+\infty}xp(x)\mathrm{d}x=\int_0^1 x\cdot x\mathrm{d}x+\int_1^2 x\cdot(2-x)\mathrm{d}x=\left.\frac{x^3}{3}\right|_0^1+\left.\left(x^2-\frac{x^3}{3}\right)\right|_1^2=1.$

例 12 - 17 抛掷 1 颗骰子,求出现的点数之和的数学期望与方差.

解: 掷 1 颗骰子,点数的期望和方差分别为:

$E(X)=(1+2+3+4+5+6)/6=7/2;$

$E(X^2)=(1^2+2^2+3^2+4^2+5^2+6^2)/6=91/6;$

因此 $D(X)=E(X^2)-(E(X))^2=35/12.$

例 12 - 18 设随机变量 X 的概率密度为

$$p(x)=\begin{cases}1+x & -1<x\leqslant 0 \\ 1-x & <x<1 \\ 0 & \text{其他}\end{cases},$$

求 X 的方差 $D(X)$.

解:
$$E(X)=\int_{-\infty}^{+\infty}xp(x)\mathrm{d}x$$
$$=\int_{-1}^0 x\cdot(1+x)\mathrm{d}x+\int_0^1 x\cdot(1-x)\mathrm{d}x$$
$$=\left.\left(\frac{x^2}{2}+\frac{x^3}{3}\right)\right|_{-1}^0+\left.\left(\frac{x^2}{2}-\frac{x^3}{3}\right)\right|_0^1=0,$$

$$E(X^2)=\int_{-\infty}^{+\infty}x^2p(x)\mathrm{d}x$$
$$=\int_{-1}^0 x^2\cdot(1+x)\mathrm{d}x+\int_0^1 x^2\cdot(1-x)\mathrm{d}x$$
$$=\left.\left(\frac{x^3}{3}+\frac{x^4}{4}\right)\right|_{-1}^0+\left.\left(\frac{x^3}{3}-\frac{x^4}{4}\right)\right|_0^1=\frac{1}{6}.$$

故 $D(X)=E(X^2)-(E(X))^2=\frac{1}{6}-0=\frac{1}{6}.$

(七) 统计量

例 12 - 19 设样本值如下:

$$15,20,32,26,37,18,19,43$$

计算样本均值、样本方差、2 阶样本矩及 2 阶样本中心矩.

解: 由样本均值的计算公式,有

$$\bar{x}=\frac{1}{8}\sum_{i=1}^8 x_i=\frac{1}{8}(15+20+32+26+37+18+19+43)=26.25.$$

由样本方差的计算公式,有

$$s^2 = \frac{1}{8-1}\sum_{i=1}^{8}(x_i-\overline{x})^2 = 102.21.$$

(八) 参数估计

例 12-20　通常某个群体的考试成绩均近似地服从正态分布,现抽样得到某高校 16 名学生某次英语四级考试成绩如下:

$$75,63,82,91,54,77,68,84,95,49,76,69,72,80,71,88$$

设已知该校英语四级考试成绩的标准差 $\sigma = 15$,试求考试平均成绩 μ 的置信度为 0.95 的置信区间.

解:计算得到 $\overline{x} = 74.625$, $s = \sqrt{\frac{1}{15}\sum_{i=1}^{16}(x_i-\overline{x})^2} = 12.5266$.

由 $1-\alpha = 0.95$,查标准正态分布表可得

$$u_{\frac{\alpha}{2}} = u_{0.025} = 1.96,$$

则 μ 的 0.95 的置信区间为

$$\left(\overline{x}-u_{1-\frac{\alpha}{2}}\frac{\sigma}{\sqrt{n}},\overline{x}+u_{1-\frac{\alpha}{2}}\frac{\sigma}{\sqrt{n}}\right) = \left(74.625-1.96\times\frac{15}{\sqrt{16}},74.625+1.96\times\frac{15}{\sqrt{16}}\right),$$

即为 $(67.28,81.98)$.

(九) 假设检验

例 12-21　已知某砖厂生产的砖的抗断强度服从正态分布 $N(32.5,1.1^2)$,现随机抽取 6 块,测得抗断强度(单位:公斤/厘米^2)如下:

$$32.56,29.66,31.64,30.00,31.87,31.03$$

试问这批砖的平均抗断强度是否为 32.50(显著性水平 $\alpha = 0.10$)?

解:检验的假设为

$$H_0:\mu = 32.50, H_1:\mu \neq 32.50.$$

此为双侧 U 检验,检验统计量为

$$U = \frac{\overline{X}-32.50}{1.1/\sqrt{6}}.$$

查标准正态分布表,得临界值

$$u_{\frac{\alpha}{2}} = u_{0.05} = 1.645.$$

故拒绝域为

$$W = \{|u| \geqslant u_{\frac{\alpha}{2}}\} = \{|u| \geqslant 1.645\}.$$

又由题设可算得 $\overline{x} = 31.13$,故 $|U|$ 的样本观测值为

$$|u| = \frac{31.13-32.5}{1.1/\sqrt{6}} = 3.03 > 1.645,$$

所以拒绝 H_0,即不能认为平均抗断强度为 32.50.

三、能力训练

(一) 概率及其应用

1. 写出下列试验的样本空间.
(1) 将一枚硬币连掷三次;
(2) 观察在时间 $[0,t]$ 内进入某一商店的顾客人数;
(3) 将一颗骰子掷若干次,直至掷出的点数之和超过 2 为止;

2. 将一颗骰子连掷两次,观察其掷出的点数. 令 A="两次掷出的点数相同",B="点数之和为 10",C="最小点数为 4". 试分别指出事件 A,B,C 以及 $A \cup B, ABC, A-C, C-A$, $B\overline{C}$ 各自含有的样本点.

3. 一部四卷的文集,按任意次序放到书架上,问各卷自左向右,或自右向左的卷号的顺序恰好为 $1,2,3,4$ 的概率是多少?

4. 从装有 5 只红球 4 只黄球 3 只白球的袋中任意取出 3 只球,求下列事件的概率:
(1) 取到同色球;
(2) 取到的球的颜色各不相同.

5. 两人约定上午 9:00~10:00 在公园会面,求一人要等另一人半小时以上的概率.

6. 设 $P(A)=p, P(B)=q, P(A \cup B)=r$, 求 $P(A\overline{B})$, $P(\overline{A}B)$, $P(\overline{AB})$.

7. 已知一个家庭有 3 个小孩, 且其中一个为女孩, 求至少有一个男孩的概率(小孩为男为女是等可能的).

8. 两门导弹射击敌机, 敌机未被击中的概率为 0.25, 被击中一弹的概率为 0.5, 被击中两弹的概率为 0.25, 若敌机中一弹时被击落的概率为 0.7, 敌机中两弹时, 被击落的概率为 0.9. 求敌机被击落的概率.

9. 一射手对目标独立射击 4 次, 每次射击的命中率 $P=0.8$, 求: (1) 恰好命中两次的概率; (2) 至少命中一次的概率.

(二) 随机变量及其分布

10. 设离散型随机变量 X 的分布律为

X	0	1	2
P	0.2	c	0.5

求常数 c.

11. 设在 15 只同类型零件中有 2 只为次品, 在其中取 3 次, 每次任取 1 只, 作不放回抽样, 以 X 表示取出的次品个数, 求 X 的概率分布.

12. 设 $X \sim B(2,p), Y \sim B(3,p)$. 设 $P(X \geqslant 1) = \dfrac{5}{9}$, 求 $P(Y \geqslant 1)$.

13. 已知随机变量 X 的密度函数为 $f(x) = Ae^{-|x|}$, $-\infty < x < +\infty$, 求: (1) A 值; (2) $P(0 < X < 1)$.

14. 公共汽车站每隔 5 分钟有一辆汽车通过, 乘客在 5 分钟内任一时刻到达汽车站是等可能的, 求乘客候车时间在 1 到 3 分钟内的概率.

15. 设 $X \sim N(3, 2^2)$,
   (1) 求 $P(2 < X \leqslant 5), P(-4 < X \leqslant 10), P(|X| > 2), P(X > 3)$;
   (2) 确定 c 使 $P(X > c) = P(X \leqslant c)$.

(三) 随机变量数字特征

16. 设随机变量 X 的分布律为

X	-1	0	1	2
P	1/8	1/2	1/8	1/4

求 $E(X), E(2X+3)$.

17. 设随机变量 X 的概率密度为

$$f(x) = \begin{cases} x & 0 \leqslant x < 1, \\ 2-x & 1 \leqslant x \leqslant 2, \\ 0 & \text{其他}. \end{cases}$$

求 $E(X)$.

18. 设随机变量 X 的分布律为

X	1	2	3
P	0.2	0.5	0.3

求:期望 $E(X)$ 与方差 $D(X)$.

19. 设随机变量 X 的概率密度为 $f(x)=\begin{cases} 6x(1-x) & 0<x<1 \\ 0 & 其他 \end{cases}$,求:期望 $E(X)$ 与方差 $D(X)$.

(四) 统计及其应用

20. 设总体 X 的容量为 12 的样本观测值为 4.5,2.0,0,1.0,1.5,3.4,4.5,6.5,5.0,0, 3.5,4.0. 试分别计算样本均值 $\overline{X}$ 与样本方差 S^2 的值.

21. 以 X 表示某种小包装糖果的重量(以 g 计),设 $X\sim N(\mu,4)$,今取得样本(容量为 $n=10$):

55.95, 56.54, 57.58, 55.13, 57.48, 56.06, 59.93, 58.30, 52.57, 58.46

求 μ 的置信水平为 0.95 的置信区间.

22. 某种元件,要求其使用寿命不得低于 1000 小时,现从一批这种元件中随机抽取 25 个,测得其寿命平均值为 950 小时,已知该种元件寿命服从标准差为 $\sigma=100$ 的正态分布. 可否据此判定这批元件不合格(显著性水平 $\alpha=0.05$)?

参考答案

第一章 预备知识

(一) 函数

1. (1) $\left[\dfrac{4}{3}, +\infty\right)$; (2) $(-\infty, 1) \bigcup (1, 2) \bigcup (2, +\infty)$; (3) $(-7, 7)$; (4) $(-2, -1) \bigcup (-1, 2)$.

2. (1) 不相同; (2) 相同.

3. $f(x) = x^2 - 6$.

4. (1) 偶; (2) 偶; (3) 奇; (4) 奇.

5. (1) 单调增; (2) 单调增.

6. (1) $T = \pi$; (2) $T = \pi$.

7. (1) 有界; (2) 无界.

8. (1) $y = e^u, u = x^6$; (2) $y = u^3, u = \cos v, v = 1 - 6x$; (3) $y = \sin u, u = 2\ln v, v = 7x$; (4) $y = \arcsin u, u = \lg v, v = 4x - 1$; (5) $y = e^u, u = \cos v, v = x^5$; (6) $y = \sin u, u = v^6, v = \ln x$; (7) $y = u^4, u = \ln v, v = \sin w, w = 6x$; (8) $y = \arctan u, u = \ln v, v = 5x + 4$.

(二) 函数应用

9. 设新开营业点为 x, 则每天总收入 $y = (30000 - 200x)(160 + x)$.

10. $y = \begin{cases} 0.15x & x \leqslant 60 \\ 9 + 0.25(x - 60) & x \geqslant 60 \end{cases}$.

11. (1) 0.68; (2) 0.85; (3) 1; (4) 0.71; (5) 597.10.

12. (1) $Q = 8000 - 1000p$; (2) $S = 100p + 3000$; (3) $P_0 = 70, Q_0 = 10000$.

13. (1) $C(q) = 150 + 10q, q \in (0, 100]$, $\overline{C}(q) = \dfrac{150}{q} + 10, q \in (0, 100]$; (2) $R(q) = 14q, q \in (0, 100]$, $L(q) = 4q - 150, q \in (0, 100]$.

14. (1) $L(q) = 5q - 2000$; (2) $q = 400$.

15. (1) $L(q) = 8q - 7 - q^2$; (2) $L(4) = 9, \overline{L}(4) = \dfrac{9}{4}$; (3) 亏损.

第二章 极限与连续

(一) 极限的概念

1. 无极限.

2. 无极限.

3. $k = 1, \lim\limits_{x \to 0} f(x) = 1$.

4. $k = -3, \lim\limits_{x \to -1} f(x) = -4$.

5. (1) 水平渐近线 $y = 0$, 垂直渐近线 $x = -2$; (2) 水平渐近线 $y = 3$, 垂直渐近线 $x = -2, x = -1$.

(二) 无穷小与无穷大

6. $m = \dfrac{9}{2}, n = 2$.

7. B.

8. D.

9. (1) $x \to \frac{1}{2}$； (2) $x \to 1$； (3) $x \to 1$； (4) $x \to -\infty$.

10. $x^2 - x^3$.

(三) 极限的计算

11. $a = 0, b = 6$.

12. $a = -2, b = 0$.

13. (1) $\frac{23}{16}$； (2) $\frac{5}{3}$； (3) $\frac{1}{2}$； (4) ∞； (5) $\frac{1}{2}$； (6) $\frac{1}{4}$； (7) $-\frac{19}{2}$； (8) -1； (9) 12；

(10) $\frac{1}{2}$； (11) 0； (12) -1； (13) 1； (14) $\frac{1}{2}$.

(四) 两个重要极限

14. $1, \frac{2}{\pi}, 0, 0, 1$.

15. (1) 2； (2) 0； (3) $\frac{3}{2}$； (4) 1； (5) 3； (6) $\frac{1}{2}$； (7) e^2； (8) e^2； (9) e； (10) 1.

(五) 函数连续性

16. (1) $x = -1$, 第二类间断点； (2) $x = 0$, 第一类间断点； (3) $x = 1$, 第一类间断点.

17. (1) 存在 $\lim\limits_{x \to 1} f(x) = 1$； (2) 不连续，第一类间断点.

18. 提示：令 $f(x) = x^5 - 3x - 1$ 利用介值定理证明.

19. $a = 1$.

20. $a = \frac{1}{3}$.

(六) 极限的应用

21. 约 449.33 元.

22. 664023.38 元.

23. 17672.73 元.

第三章 导数与微分

(一) 导数和微分的概念

1. 2.

2. $-0.0396, -0.04$.

3. $4, -10, 3$.

(二) 导数的几何意义

4. 切线方程：$y = 2x - 1$, 法线方程：$y = -\frac{1}{2}x + \frac{3}{2}$.

(三) 导数的计算

5. (1) $y' = (5x - 1)e^{5x-1}$； (2) $y' = \frac{2\cos 2x}{\sin 2x}$； (3) $y' = 3\sin^2 x \cdot \cos x \cdot \cos 3x - 3\sin^3 x \cdot \sin 3x$； (4)

$y' = \frac{1 - 2(\sin x + \cos x)}{(2 - \cos x)^2}$； (5) $y' = -\frac{1}{x^2 + 1}$； (6) $y' = y \cdot \left[\frac{1}{x-1} + \frac{2}{3x+1} + \frac{1}{3(x-2)}\right]$； (7) $y' =$

$\frac{(e^t + \cos t)'}{(t + \sin t)'} = \frac{e^t - \sin t}{t + \cos t}$； (8) $y' = (-1)^n e^{-x}$； (9) $y' = x^{\sin x} \left(\frac{\sin x}{x} + \cos x \ln x\right)$； (10) $y'' = -\frac{1}{x^2}$； (11)

$\frac{\mathrm{d}y}{\mathrm{d}x} = \frac{e^{x-y} + 2y}{3y^2 - 2x + e^{x-y}}$； (12) $y^{(20)} = (x^2 e^{2x})^{(20)} = 2^{20} e^{2x} \cdot x^2 + 20 \cdot 2^{19} e^{2x} \cdot 2x + \frac{20 \cdot 19}{2!} \cdot 2^{18} e^{2x} \cdot 2$.

(四) 微分的计算

6. (1) $dy = 6\cos\left(3x + \dfrac{\pi}{6}\right)dx$; (2) $dy = \dfrac{1}{4}\cot\dfrac{x}{4}dx$; (3) $dy = -\dfrac{\sin\sqrt{x}}{2\sqrt{x}}dx$; (4) $dy = [2x\cos 2x - 2(x^2-1)\sin 2x]dx$.

第四章　导数与微分的应用

(一) 利用微分中值定理证明下列命题

1. 提示:利用拉格朗日中值定理.

2. 提示:利用拉格朗日中值定理.

3. 提示:利用罗尔定理.

(二) 利用洛必达法则求极限

4. $\dfrac{3}{2}$.

5. $\dfrac{1}{6}$.

6. 1.

7. 1.

8. 0.

9. $\dfrac{2}{3}$.

10. $\dfrac{1}{3}$.

11. 0.

(三) 利用导数判断函数的单调性并求极值和最值

12. 函数在 $(-\infty,1)$ 和 $(2,+\infty)$ 上单调增加,在 $(1,2)$ 上单调减小. 在 $x=1$ 处有极大值 2;在 $x=2$ 处有极小值 1.

13. 极大值 1 $(-\infty,0)$ 上单调增加,在 $(0,+\infty)$ 上单调减小. 函数在 $x=0$ 处有极大值 1.

14. $x=8$(提示:设函数 $V(x)=x(48-2x)^2$).

15. $x=40$.

16. $C'(q)=\dfrac{1}{\sqrt{q}}$,$R'(q)=\dfrac{5}{(1+q)^2}$,$L'(q)=\dfrac{5}{(1+q)^2}-\dfrac{1}{\sqrt{q}}$.

17. (1) $R(20)=120$,$R(30)=120$,$\bar{R}(20)=6$,$\bar{R}(30)=4$,$R'(20)=2$,$R'(30)=-2$; (2) 25.

18. 利润函数 $L(Q)=-Q^2+38Q-100$;边际利润为 0 时的产量为 19 百件.

19. 边际需求函数为 $Q'(p)=\dfrac{-4000}{(2p+1)^3}$,当 $p=10$ 元时 $Q'(10)=\dfrac{-4000}{21^3}\approx-0.4319$,其经济意义为,当巧克力糖的价格由原来的 10 元再提高(降低)1 元时,每周的需求量将减少(增加)0.4319 t.

20. (1) 110; (2) 80.

(四) 利用导数判断函数的凹凸及拐点

21. 在 $(2,+\infty)$ 上为凹,在 $(-\infty,2)$ 上为凸,$(2,2e^{-2})$.

(五) 函数的作图

22. 在 $(0,+\infty)$ 上为凹,在 $(-\infty,0)$ 上为凸,$(0,0)$,作图略.

（六）利用公式求函数的曲率及曲率半径

23. 略.

（七）近似计算

24. (1)4.021；　(2) 0.5076；　(3) 4.0055.

第五章　积　分

（一）原函数与不定积分的概念

1. $\dfrac{3}{4(3x+2)}+C$.

2. $-2e^{-2x}+C$.

3. $2xe^{2x}+2x^2e^{2x}$.

4. $\dfrac{1}{2x^2}+C$.

5. $e^{x^2}+C$.

（二）不定积分的计算

6. (1) $x^3-\dfrac{2}{7}x^{\frac{7}{2}}+C$；　(2) $-x^{-4}+x^{-3}+C$；　(3) $\dfrac{1}{2}\ln^2 x+C$；　(4) $\ln|x^2+x-12|+C$；

(5) $\dfrac{1}{2}\sin^2 x+C$；　(6) $\dfrac{1}{44}(2x^2-1)^{11}+C$；　(7) $\dfrac{1}{2}\arcsin x-\dfrac{1}{4}\sin(2\arcsin x)+C$；　(8) $\dfrac{1}{2}x-\dfrac{1}{2}\sin x+$

C；　(9) $\ln\left|\sqrt{1+e^x}-1\right|-\ln\left|\sqrt{1+e^x}+1\right|+C$；　(10) $\dfrac{3}{2}(\sqrt[3]{x})^2-3\sqrt[3]{x}+3\ln(1+\sqrt[3]{x})+C$；　(11)

$\sqrt{x^2-2}+C$；　(12) $x-\ln(1+e^x)+C$；　(13) $-xe^{-x}-e^{-x}+C$；　(14) $\dfrac{1}{2}x^2\arctan x-\dfrac{1}{2}x+\dfrac{1}{2}\arctan x$

$+C$.

（三）定积分的概念与性质

7. 3.

8. 0,0.

9. (1) -12；　(2) 36.

10. (1) $>$；　(2) $>$；　(3) $=$；　(4) $<$.

（四）定积分的计算

11. (1) $\dfrac{4\sqrt{2}}{3}$；　(2) $\dfrac{4}{\ln 5}$；　(3) $\dfrac{1}{2}(e^2-1)$；　(4) $\dfrac{1}{4}$；　(5) -4；　(6) 13；　(7) $\dfrac{8}{3}$；　(8) e^2-e；

(9) $\dfrac{1}{3}$；　(10) $\ln(1+e)-\ln 2$；　(11) $\dfrac{2}{9}e^3+\dfrac{1}{9}$；　(12) $\dfrac{\pi}{2}-1$；　(13) 1；　(14) 0.

（五）广义积分

12. (1)π；　(2) $\dfrac{1}{3}$；　(3) 发散；　(4) 1；　(5) 1；　(6) $\dfrac{\pi}{2}$；　(7) 发散；　(8) 0.

第六章　积分的应用

（一）平面图形的面积

1. e^4-e^2.

2. $\dfrac{1}{3}$.

3. $\dfrac{2}{3}$.

4. 18.

（二）旋转体的体积

5. $\dfrac{512}{15}\pi$.

6. $\dfrac{3}{10}\pi$.

7. $\dfrac{128}{7}\pi, \dfrac{64}{5}\pi$.

8. $\dfrac{2}{3}\pi$.

（三）平面曲线的弧长

9. (1) $\displaystyle\int_0^{\frac{p}{2}}\sqrt{1+\frac{p}{2x}}\,\mathrm{d}x$；   (2) $x-(\ln|x+1|-\ln|x-1|)+C$.

10. $\displaystyle\int_0^1\sqrt{1+x^2}\,\mathrm{d}x$.

11. $\displaystyle\int_0^3\sqrt{1+x}\,\mathrm{d}x$.

12. $\displaystyle\int_{-a}^a\sqrt{1+\frac{1}{4}(\mathrm{e}^{\frac{x}{a}}-\mathrm{e}^{-\frac{x}{a}})^2}\,\mathrm{d}x$.

（四）变力做功问题

13. 0.75 J.

14. 2.45 J.

15. 40 J.

（五）液体压力问题

16. 147000 N.

17. $\dfrac{5}{2}\sqrt{2}$ m.

（六）连续函数的均值

18. 10.

19. $\dfrac{2}{\pi}$.

（七）经济问题

20. $C(q)=\displaystyle\int_0^q C'(q)\,\mathrm{d}q+C_0=10\mathrm{e}^{0.2q}+80$.

21. (1) 9987.5； (2) 19850.

22. $C(q)=0.2q^2-12q+500, L(q)=32q-0.2q^2-500, q=80$ 时获得最大利润.

第七章　向量代数与空间解析几何

（一）空间向量

1. (1) Ⅴ, Ⅶ, Ⅷ； (2) $(-1,2,-3),(1,-6,-2),(-3,-4,-3)$； (3) $(-1,-2,-3),(1,6,-2),(-3,4,-3)$； (4) $(-1,-2,3),(1,6,2),(-3,4,3)$.

2. $(-2,0,0)$或者$(-4,0,0)$.

3. 到原点距离$5\sqrt{2}$, 到 x 轴距离$\sqrt{34}$, 到 y 轴距离$\sqrt{41}$, 到 z 轴距离 5, 到 xOy 面距离 5, 到 yOz 面距离 4, 到 xOz 面距离 3.

4. (1) $\overrightarrow{AB}=\{-4,-1,1\}, \overrightarrow{CB}=\{-5,-1,1\}, \overrightarrow{AC}=\{1,0,0\}$； (2) $1+3\sqrt{2}$.

5. (1) $3, \sqrt{11}, \sqrt{10}$； (2) $\{-3,5,-1\}$.

6. $\cos\alpha=-\dfrac{1}{2}$，$\cos\beta=\dfrac{1}{2}$，$\cos\gamma=-\dfrac{\sqrt{2}}{2}$，$\alpha=\dfrac{2}{3}\pi$，$\beta=\dfrac{\pi}{3}$，$\gamma=\dfrac{3}{4}\pi$.

（二）向量的运算

7. (1) $3,3\sqrt{3}$； (2) -3.

8. (1) 8； (2) $\{8,5,-1\}$； (3) $3\sqrt{10}$； (4) $\arccos\dfrac{8}{\sqrt{154}}$.

9. $\left\{-\dfrac{36}{29},-\dfrac{54}{29},-\dfrac{72}{29}\right\}$.

10. $\pm\left\{\dfrac{-1}{\sqrt{35}},\dfrac{3}{\sqrt{35}},\dfrac{5}{\sqrt{35}}\right\}$.

（三）空间平面

11. $12x+20y+28z-400=0$.

12. $x+2y-z-2=0$.

13. $x+11y+3z-38=0$.

14. $2x+3y+z-6=0$.

15. $x-2y=0$.

16. $\dfrac{\pi}{2}$.

（四）空间直线

17. $\begin{cases}\dfrac{x+2}{1}=\dfrac{z-1}{-1}\\ y=-1\end{cases}$.

18. $\dfrac{x-1}{3}=\dfrac{y-2}{-1}=\dfrac{z+5}{5}$.

19. $\dfrac{x+1}{5}=\dfrac{y-2}{-1}=\dfrac{z-4}{-2}$.

20. $\dfrac{x+1}{3}=\dfrac{y}{1}=\dfrac{z-3}{-8}$.

21. $\dfrac{x-2}{-17}=\dfrac{y+1}{2}=\dfrac{z-3}{7}$.

22. $\dfrac{\pi}{4}$.

第八章　多元函数微积分

（一）多元函数

1. (1) $D=\{(x,y)\mid x^2+y^2>4\}$； (2) $D=\{(x,y)\mid x^2+y^2\geqslant16,y<x\}$.

2. (1) $-\dfrac{1}{4}$； (2) $\ln 2$.

（二）多元函数偏导数

3. (1) $\dfrac{\partial z}{\partial x}=y^2+\sin y+ye^{xy}$，$\dfrac{\partial z}{\partial y}=2xy+x\cos y+xe^{xy}$； (2) $\dfrac{\partial z}{\partial x}=5yx^{5y-1}$，$\dfrac{\partial z}{\partial y}=5x^{5y}\cdot\ln x$； (3) $\dfrac{\partial z}{\partial x}=3x^2y^2-2xy$，$\dfrac{\partial z}{\partial y}=2x^3y^2-x^2$； (4) $\dfrac{\partial s}{\partial u}=\dfrac{1}{v}-2u^{-3}v^4$，$\dfrac{\partial s}{\partial v}=-\dfrac{u}{v^2}+\dfrac{4v^3}{u^2}$； (5) $\dfrac{\partial z}{\partial x}=\dfrac{1}{x\sqrt{\ln(x^2y)}}$，$\dfrac{\partial z}{\partial y}=\dfrac{1}{2y\sqrt{\ln(x^2y)}}$； (6) $\dfrac{\partial z}{\partial x}=2xy\cos(x^2y)-6xy\cos^2(x^2y)\sin(x^2y)$，$\dfrac{\partial z}{\partial y}=x^2\cos(x^2y)-3x^2\cos^2(x^2y)\sin(x^2y)$.

4. (1) $3\cos 5$；(2) 1.

5. $\dfrac{\partial^2 z}{\partial x^2}=18xy$，$\dfrac{\partial^2 z}{\partial y^2}=30xy+4$，$\dfrac{\partial^2 z}{\partial x\partial y}=15y^2+9x^2$，$\dfrac{\partial^2 z}{\partial y\partial x}=15y^2+9x^2$.

6. (1) $\dfrac{\partial^2 z}{\partial x^2}=6x+12xy^2$，$\dfrac{\partial^2 z}{\partial y^2}=6+4x^3$，$\dfrac{\partial^2 z}{\partial x\partial y}=12x^2y$，$\dfrac{\partial^2 z}{\partial y\partial x}=12x^2y$；　(2) $\dfrac{\partial^2 z}{\partial x^2}=e^x\sin y$，$\dfrac{\partial^2 z}{\partial y^2}=$ $-e^x\sin y$，$\dfrac{\partial^2 z}{\partial x\partial y}=e^x\cos y$，$\dfrac{\partial^2 z}{\partial y\partial x}=e^x\cos y$.

（三）全微分

7. (1) $\mathrm{d}z=(2x-4xy)\mathrm{d}x+(-6y^2-2x^2)\mathrm{d}y$；　(2) $\mathrm{d}z=\left(y+\dfrac{1}{y}\right)\mathrm{d}x+\left(x-\dfrac{x}{y^2}\right)\mathrm{d}y$.

8. -0.1212，-0.12.

（四）复合函数与隐函数的偏导数

9. $\dfrac{3-12t^2}{\sqrt{1-(x-y)^2}}$.

10. (1) $\dfrac{\mathrm{d}y}{\mathrm{d}x}=\dfrac{y^2-e^x}{\cos y-2xy}$；　(2) $\dfrac{\mathrm{d}y}{\mathrm{d}x}=\dfrac{x+y}{x-y}$.

（五）多元函数的极值

11. (1) 极小值点$\left(\dfrac{1}{2},1\right)$，极小值 $f\left(\dfrac{1}{2},1\right)=-1$；　(2) 极大值点$(0,-2)$，极大值 $f(0,-2)=8$，极小值点$(-1,2),(1,2)$，极小值 $f(-1,2)=-24,f(1,2)=-24$.

（六）偏导数的几何应用

12. 切线：$x-\left(\dfrac{\pi}{2}-1\right)=y-1=\dfrac{z-2\sqrt 2}{\sqrt 2}$；

法平面：$x-\left(\dfrac{\pi}{2}-1\right)+(y-1)+\sqrt 2(z-2\sqrt 2)=0$.

13. 切线：$\dfrac{x-\dfrac{3}{\sqrt 2}}{-\dfrac{3}{\sqrt 2}}=\dfrac{y-\dfrac{3}{\sqrt 2}}{\dfrac{3}{\sqrt 2}}=\dfrac{z-\pi}{4}$；

法平面：$-\dfrac{3}{\sqrt 2}\left(x-\dfrac{3}{\sqrt 2}\right)+\dfrac{3}{\sqrt 2}\left(y-\dfrac{3}{\sqrt 2}\right)+4(z-\pi)=0$.

14. 切平面：$-6(x+1)+10(y+1)+(z+2)=0$；

法线：$\dfrac{x+1}{-6}=\dfrac{y+1}{10}=z+2$.

（七）重积分

15. $\dfrac{83}{6}$.

16. $\dfrac{5}{6}$.

17. $\dfrac{4}{3}$.

18. $\dfrac{45}{8}$.

第九章　无穷级数及其应用

（一）常数项级数的敛散性

1. $0,8$.

2. $\dfrac{1}{2}$, 0 .

3. $|q| < 1$, $|q| \geqslant 1$.

4. $\displaystyle\sum_{n=1}^{+\infty} \dfrac{3}{n(n+1)}$ 收敛于 3 .

5. $\displaystyle\sum_{n=1}^{+\infty} \dfrac{1}{(2n-1)(2n+1)}$ 收敛于 $\dfrac{1}{2}$.

6. 发散.

7. 是,收敛于 4 .

8. (1) 10; (2) -8; (3) 6; (4) 26 .

9. $\dfrac{3}{4}$.

10. 提示:几何级数.

(二) 正项级数的敛散性

11. 发散.

12. 收敛.

13. 收敛.

14. 收敛.

15. 收敛.

16. 收敛.

17. 发散.

18. 发散.

19. 收敛.

20. 发散.

(三) 绝对收敛和条件收敛

21. 条件收敛.

22. 绝对收敛.

23. 绝对收敛.

24. 条件收敛.

(四) 幂级数

25. (1) $\left[-\dfrac{1}{3}, \dfrac{1}{3}\right)$; (2) $(-1, 1]$; (3) $(-1, 1)$; (4) $[-3, 3)$; (5) $\{0\}$; (6) $(-\infty, +\infty)$.

26. $\cos 3x = \displaystyle\sum_{n=0}^{+\infty} (-1)^n \dfrac{9^n}{(2n)!} x^{2n}$.

27. $\dfrac{1}{1+3x} = \displaystyle\sum_{n=0}^{+\infty} (-1)^n 3^n x^n$, $-\dfrac{1}{3} < x < \dfrac{1}{3}$.

28. $\dfrac{1}{3-x} = \displaystyle\sum_{n=0}^{+\infty} \dfrac{x^n}{3^{n+1}}$, $-3 < x < 3$.

第十章 常微分方程及其应用

(一) 微分方程的概念

1. (1) B; (2) A .

2. (1) 2; (2) 2 .

3. (1) $y = Cx^2$ 是解且是通解; $y = x^2$ 是解且是特解. (2) $y = e^x$ 不是解; $y = Ce^{2x}$ 是解且是通解.

(3) $y = \sin x$ 是解且是特解; $y = 3\sin x - 4\cos x$ 是解且是特解.

4. 特解 $y=\sin x+2$.

(二) 分离变量法、降阶法

5. (1) $y=C\mathrm{e}^{\frac{1}{2}x^2}$； (2) $\tan y=\cos x+C$.

6. (1) $\frac{1}{2}\mathrm{e}^{2y}=\mathrm{e}^x+C$； (2) $y=C\mathrm{e}^x$； (3) $x^2+1=2\sin y$； (4) $(x^2-1)(y^2-1)=9$.

7. $y=\frac{1}{20}x^5+\frac{1}{6}x^3+\frac{1}{2}C_1x^2+C_2x+C_3$.

8. $y=-\sin x+C_1x+C_2$.

9. $y=R_0\mathrm{e}^{-\frac{\ln 2}{1600}t}$.

(三) 一阶线性微分方程

10. $y=C\mathrm{e}^{-2x}$.

11. $y=\mathrm{e}^{-2x}\left(\frac{1}{2}\mathrm{e}^{2x}+C\right)$.

12. $y=\mathrm{e}^{-x^2}(\mathrm{e}^{x^2}+C)$.

13. $y=\mathrm{e}^x(-2\mathrm{e}^{-x}+2)$.

(四) 二阶常系数齐次线性微分方程

14. (1) $r^2-2r+1=0$； (2) $r^2+2r+3=0$； (3) $y''-5y'+6y=0,y=C_1\mathrm{e}^{2x}+C_2\mathrm{e}^{3x}$.

15. $y=C_1\mathrm{e}^{-x}+C_2\mathrm{e}^{6x}$.

16. $y=C_1\mathrm{e}^{5x}+C_2x\mathrm{e}^{5x}$.

17. 通解 $y=C_1\mathrm{e}^{-x}+C_2\mathrm{e}^{4x}$,特解 $y=\mathrm{e}^{-x}-\mathrm{e}^{4x}$.

(五) 二阶常系数线性非齐次微分方程

18. (1) $y=x$； (2) $y=\mathrm{e}^x$； (3) $y=\sin x$.

19. (1) $y=C_1\mathrm{e}^{-x}+C_2\mathrm{e}^{3x}+\frac{1}{3}(1-3x)$； (2) $y=C_1\mathrm{e}^{\frac{x}{2}}+C_2x\mathrm{e}^{\frac{x}{2}}+\frac{5}{2}x^2\mathrm{e}^{\frac{x}{2}}$.

20. $y=\mathrm{e}^{-\frac{5}{2}x}(2+\mathrm{e}^x+x\mathrm{e}^x)$.

第十一章　线性代数及其应用

(一) 行列式

1. (1) 0； (2) $-y^2$； (3) 0； (4) 4； (5) $-2(x^3+y^3)$； (6) 0.

2. 48.

3. $2,3$.

4. -1080.

5. (1) $\begin{cases}x_1=1\\x_2=-1\end{cases}$； (2) $\begin{cases}x_1=1\\x_2=2\\x_3=\frac{1}{2}\end{cases}$； (3) $\begin{cases}x_1=1\\x_2=1\\x_3=0\\x_4=1\end{cases}$； (4) $\begin{cases}x_1=1\\x_2=1\\x_3=1\\x_4=1\end{cases}$.

(二) 矩阵

6. $2\left(A+\frac{1}{2}B\right)=\begin{pmatrix}4&9\\2&1\end{pmatrix}$；$3A^{\mathrm{T}}-B^{\mathrm{T}}=\begin{pmatrix}11&3\\11&9\end{pmatrix}$；$AB=\begin{pmatrix}-6&-9\\-2&-5\end{pmatrix}$；$BA=\begin{pmatrix}-5&-6\\-3&-6\end{pmatrix}$.

7. $X=\frac{1}{3}\begin{bmatrix}-3&-1&-5\\-4&-1&8\\-6&5&3\end{bmatrix}$.

8. (1) $r(A)=2$； (2) $r(B)=2$； (3) $r(C)=2$； (4) $r(D)=3$.

9. $P^{-1} = \begin{pmatrix} 1 & 0 & 0 \\ 2 & -1 & 0 \\ -4 & 1 & 1 \end{pmatrix}$, $A = PBP^{-1} = \begin{pmatrix} 1 & 0 & 0 \\ 2 & 0 & 0 \\ 6 & -1 & -1 \end{pmatrix}$.

10. (1) $A^{-1} = \begin{pmatrix} \dfrac{1}{2} & \dfrac{1}{4} \\ \dfrac{1}{4} & -\dfrac{1}{8} \end{pmatrix}$; (2) $A^{-1} = \begin{pmatrix} 2 & -1 & 1 \\ 4 & -2 & 1 \\ -\dfrac{3}{2} & 1 & -\dfrac{1}{2} \end{pmatrix}$; (3) $A^{-1} = \begin{pmatrix} 3 & 7 & -3 \\ -2 & -5 & 2 \\ -4 & -10 & 3 \end{pmatrix}$;

(4) $A^{-1} = \dfrac{1}{4} \begin{pmatrix} 1 & 1 & 1 & 1 \\ 1 & 1 & -1 & -1 \\ 1 & -1 & 1 & -1 \\ 1 & -1 & -1 & 1 \end{pmatrix}$.

11. $X = \begin{pmatrix} 2 & -23 \\ 0 & 8 \end{pmatrix}$.

12. $X = A^{-1}CB^{-1} = \begin{pmatrix} 1 & 3 & -2 \\ -\dfrac{3}{2} & -3 & \dfrac{5}{2} \\ 1 & 1 & -1 \end{pmatrix} \begin{pmatrix} 1 & 3 \\ 2 & 0 \\ 3 & 1 \end{pmatrix} \begin{pmatrix} 3 & -1 \\ -5 & 2 \end{pmatrix} = \begin{pmatrix} -2 & 1 \\ 10 & -4 \\ -10 & 4 \end{pmatrix}$.

13. 24.

（三）线性方程组

14. $k \neq \pm 3$.

15. $a = -1$.

16. (1) 只有零解；(2) 有无穷多个解.

17. (1) $\begin{cases} x_1 = \dfrac{1}{10}(4 - c_1 - 6c_2) \\ x_2 = \dfrac{1}{5}(3 + 3c_1 - 7c_2) \\ x_3 = c_1 \\ x_4 = c_2 \end{cases}$，其中 c_1, c_2 可任意取值； (2) $\begin{cases} x_1 = 1 - \dfrac{8}{21}c \\ x_2 = \dfrac{3}{7}c \\ x_3 = \dfrac{2}{3}c \\ x_4 = c \end{cases}$，其中 c 可任意取值；

(3) $\begin{cases} x_1 = 0 \\ x_2 = 0 \\ x_3 = 0 \\ x_4 = 0 \end{cases}$； (4) $\begin{cases} x_1 = \dfrac{1}{3} \\ x_2 = -1 \\ x_3 = \dfrac{1}{2} \\ x_4 = 1 \end{cases}$.

18. $k = \dfrac{4}{11}$.

19. 当 $\lambda \neq 1$ 且 $\lambda \neq -2$ 时，方程组有唯一解为 $\begin{cases} x = -\dfrac{\lambda+1}{\lambda+2} \\ y = \dfrac{1}{\lambda+2} \\ z = \dfrac{(\lambda+1)^2}{\lambda+2} \end{cases}$；当 $\lambda = 1$ 时，方程组有无穷多解，可表示为

$\begin{cases} x = c_1 \\ y = c_2 \\ z = 1 - c_1 - c_2 \end{cases}$ （其中 c_1, c_2 可任意取值）；当 $\lambda = -2$ 时，方程组无解.

第十二章 概率统计及其应用

(一) 概率及其应用

1. (1) $\Omega=\{($正正正$),($正正反$),($正反正$),($反正正$),($正反反$),($反正反$),($反反正$),($反反反$)\}$；
(2) $\Omega=\{0,1,2,3,\cdots\}$； (3) $\Omega=\{(3,4),(5,6),(1,2),(1,3),(1,4),(1,5),(1,6),(2,1),(2,2),(2,3),(2,4),(2,5),(2,6),(1,1,1),(1,1,2),(1,1,3),(1,1,4),(1,1,5),(1,1,6)\}$.

2. $A=\{(1,1),(2,2),(3,3),(4,4),(5,5),(6,6)\}$； $B=\{(4,6),(5,5),(6,4)\}$； $C=\{(4,4),(4,5),(4,6),(5,4),(6,4)\}$； $A\cup B=\{(1,1),(2,2),(3,3),(4,4),(5,5),(6,6),(4,6),(6,4)\}$； $ABC=\varnothing$； $A-C=\{(1,1),(2,2),(3,3),(5,5),(6,6)\}$； $C-A=\{(4,5),(4,6),(5,4),(6,4)\}$.

3. $\dfrac{1}{12}$.

4. (1) $\dfrac{15}{220}$； (2) $\dfrac{60}{220}$.

5. $\dfrac{1}{4}$.

6. $r-q,r-p,1-r$.

7. $\dfrac{6}{7}$.

8. 0.575.

9. (1) 0.1536； (2) 0.9984.

(二) 随机变量及其分布

10. 0.3.

11. $P(X=0)=\dfrac{22}{35},P(X=1)=\dfrac{12}{35},P(X=2)=\dfrac{1}{35}$.

12. $\dfrac{19}{27}$.

13. (1) $\dfrac{1}{2}$； (2) $\dfrac{1}{2}(1-e^{-1})$.

14. $\dfrac{2}{5}$.

15. (1) $0.5328,0.9996,0.6977,0.5$；(2) 3.

(三) 随机变量数字特征

16. $\dfrac{1}{2}$,4.

17. 1.

18. $2.1,0.49$.

19. $0.1,0.05$.

(四) 统计及其应用

20. $3.59,2.881$.

21. $(55.56,58.04)$.

22. 判定这批元件不合格.

参考文献

［1］邓光，徐辉军.数学应用技术［M］.南京：南京大学出版社，2018.

［2］Ron Larson，Bruce Edwards. Calculus［M］. Ed. 10th. Bosdon：Brooks/Cole，2012.

［3］Maurice D. Weir，Joel Hass，George B. Thomas. Thomas' Calculus［M］. Ed. 12th. Boston：Pearson Education，2009.

［4］James Stewart. Calculus［M］. Ed. 8th. Bosdon：Brooks/Cole，2014.

［5］常天松，秦体恒.高等数学（上册）［M］.北京：科学出版社，2008.

［6］孙洪祥，柳金甫.概率论与数理统计［M］.沈阳：辽宁大学出版社，2006.

［7］万武.高等数学学习指导［M］.武汉：武汉大学出版社，2011.

［8］孙萍，雷佳宾.经济应用数学［M］.北京：高等教育出版社，2016.